ABHANDLUNGEN DER SÄCHSISCHEN AKADEMIE DER WISSENSCHAFTEN ZU LEIPZIG

Mathematisch-naturwissenschaftliche Klasse
Band 53 · Heft 2

LOTHAR JENTSCH

Zur Existenz von regulären Lösungen der Elastostatik stückweise homogener Körper mit neuen Kontaktbedingungen an den Trennflächen zwischen zwei homogenen Teilen

AKADEMIE-VERLAG · BERLIN
1977

Vorgelegt und Manuskript eingereicht von Herrn BECKERT
in der Sitzung vom 17. September 1976

Druckfertig erklärt am 13. Oktober 1977

Erschienen im Akademie-Verlag, 108 Berlin, Leipziger Straße 3—4

Lizenznummer: 202 · 100/279/77
Gesamtherstellung: VEB Druckerei „Thomas Müntzer", 582 Bad Langensalza
Bestellnummer: 762 502 4 (2025/53/2) · LSV 1145
Printed in GDR
DDR 18,— M

INHALTSVERZEICHNIS

1. Einleitung

Seit dem Jahre 1959 werden, angeregt durch Arbeiten von Kupradze [1], Randwertaufgaben der Thermoelastostatik und der Theorie stationärer thermoelastischer Schwingungen in stückweise homogenen Körpern untersucht, wenn die Einschlüsse aus anderem Material mit dem umgebenden Medium fest verhaftet sind [2]—[7]. In [8] wird auf neue Kopplungsbedingungen aufmerksam gemacht, die vorliegen, wenn die homogenen Teile des Körpers, die sich längs geschlossenen Flächen S berühren, unter dem Einfluß von äußeren Kräften und Temperaturfeldern reibungsfrei gegeneinander gleiten können. Im Rahmen eines linearen Modells muß dann neben anderen Bedingungen $(\boldsymbol{u}^+ - \boldsymbol{u}^-) \cdot \boldsymbol{n} \leqq 0$ auf S gelten. Hierbei bedeutet $\boldsymbol{u}^+$, $\boldsymbol{u}^-$ den Verschiebungsvektor auf der Innen- bzw. Außenseite von S und $\boldsymbol{n}$ den äußeren Normaleneinheitsvektor von S. Man kann diese Aufgabe als Verallgemeinerung des Signorini-Problems auffassen [9].

Von Interesse ist auch der Fall des reibungsfreien Gleitens ohne Abheben, d. h. $(\boldsymbol{u}^+ - \boldsymbol{u}^-) \cdot \boldsymbol{n} = 0$. Eine Lösung dieses Problems ist gleichzeitig Lösung des verallgemeinerten Signorini-Problems, wenn sich auf ganz S Druckspannung einstellt. In [10] weist H. Beckert auf einen Zusammenhang mit dem Satz von Poincaré-Brouwer hin. Kann die Existenz einer im klassischen Sinne regulären Lösung gezeigt werden, dann ist $\boldsymbol{v} = \boldsymbol{u}^+ - \boldsymbol{u}^-$ ein auf S stetiges tangentielles Vektorfeld. Wenn S vom topologischen Typ der Kugel ist, muß also mindestens ein „Drehpol" $P \in S$ existieren mit $\boldsymbol{v}(P) = 0$. In [10] bzw. [11] wird eine schwache Lösungstheorie für Wärmespannungsaufgaben in stückweise stetigen bzw. stückweise homogenen anisotropen Körpern bei reibungsfreiem Gleiten ohne Abheben gegeben. Mit Hilfe der in [11] bewiesenen Kornschen Ungleichungen läßt sich auch die Existenz einer schwachen Lösung der dem jeweiligen verallgemeinerten Signorini-Problem entsprechenden Variationsungleichung nachweisen (vgl. auch [10]). Obgleich man in [10] zu weitreichenden Regularitätssaussagen der schwachen Lösung kommt, konnte klassische Regularität der Lösung längs S nicht allgemein behauptet werden.

In dieser Arbeit wird das Problem mit Methoden der Theorie singulärer Integralgleichungen behandelt. Wir beschränken uns hier zunächst auf den elastostatischen Fall ohne Randbedingungen und mit entsprechenden inhomogenen Kopplungsbedingungen. Hat man diese zentrale Aufgabe gelöst, kann man ähnlich wie in [4] mit Hilfe von gekoppelten Grundlösungsmatrizen und partikulären Lösungen auch Wärmespannungsprobleme für Körper mit nichtverschwindendem Rand untersuchen. Neben den Kopplungsbedingungen bei reibungsfreiem Gleiten ohne Abheben (Gleitbedingungen) betrachten wir sogenannte Spreizbedingungen. Sie kommen vor, wenn die beiden Ufer von S längs der Normalen um einen vorgegebenen Wert auseinander gerückt werden. Es gelingt für beide Probleme, die Existenz einer im klassischen Sinne regulären Lösung nachzuweisen.

2. Problemstellung

Ein isotroper elastischer Körper bestehe aus $N + 1$ elastisch homogenen Komponenten mit den Laméschen Moduln λ_p, μ_p, $p = 0, \dots, N$, die die Gebiete $D_0, D_1, \dots, D_N$ ausfüllen. Es sei $\bigcup_{p=0}^{N} \overline{D}_p = E_3$ der gesamte dreidimensionale euklidische Raum, die Gebiete D_q, $q = 1, \dots, N$, seien beschränkt und von einer geschlossenen Fläche S_q berandet. Der Rand von D_0 ist $S_0 = S = \bigcup_{q=1}^{N} S_q$.

Ein Vektorfeld $\boldsymbol{u} = \boldsymbol{u}(P) = \big(u_1(P), u_2(P), u_3(P)\big)^T$ $\big(P = \boldsymbol{x} = (x_1, x_2, x_3)\big)$ soll *regulär* heißen, wenn für die Einschränkung von $\boldsymbol{u}$ auf D_p gilt

$$u_k \subset C^0(\overline{D}_p) \cap C^1(\overline{D}_p) \cap C^2(D_p)\,, \qquad p = 0, \dots, N\,, \qquad k = 1, 2, 3$$

und im Unendlichen das Verhalten

$$u_k(P) = O(r_{OP}^{-1}) \,, \qquad \frac{\partial u_k(P)}{\partial x_j} = u_{k,j}(P) = O(r_{OP}^{-2})$$

vorliegt. Dabei ist O das LANDAU-Symbol und $r_{OP} = \left(\sum_{j=1}^{3} x_j^2\right)^{1/2}$.

Es bezeichne $\underset{(p)}{\mathcal{A}} u = \mu_p \Delta u + (\lambda_p + \mu_p)$ grad div u den Operator der elastischen Grundgleichungen (u Verschiebungsvektor) und $\underset{(p)}{\mathcal{T}}(n)\, u = 2\mu_p \frac{\partial u}{\partial n} + \lambda_p n$ div $u + \mu_p [n \times \text{rot}\, u]$ den Spannungsoperator $\left(n = (n_1, n_2, n_3)^T, |n| = 1\right)$. Fassen wir $\mathcal{T}(n)\, u$ als Matrizenprodukt auf, dann gilt für die Elemente $\mathcal{T}_{kj}(n)$ der dreireihigen Matrix $\mathcal{T}(n)$

$$\mathcal{T}_{kj}(n) = \lambda n_k \frac{\partial}{\partial x_j} + \mu n_j \frac{\partial}{\partial x_k} + \mu \delta_{kj} \frac{\partial}{\partial n} \,. \tag{2.1}$$

Wir bezeichnen mit $u_n = (u \cdot n)\, n$ die Komponente eines Vektors u in Richtung n und mit $u_t = u - (u \cdot n)\, n$ die dazu senkrechte Komponente. Führen wir die dreireihigen Matrizen $\mathcal{E}^n(n)$, $\mathcal{E}^t(n)$ mit den Elementen

$$\mathcal{E}^n_{kj}(n) = n_k n_j \,, \qquad \mathcal{E}^t_{kj}(n) = \delta_{kj} - n_k n_j$$

ein, dann ist

$$u_n = \mathcal{E}^n(n)\, u \,, \qquad u_t = \mathcal{E}^t(n)\, u \,.$$

Setzen wir $\mathcal{T}^n(n) = \mathcal{E}^n(n)\, \mathcal{T}(n)$, $\mathcal{T}^t(n) = \mathcal{E}^t(n)\, \mathcal{T}(n)$, dann ist

$$\mathcal{T}^n_{kj}(n) = \left(\lambda \frac{\partial}{\partial x_j} + 2\mu n_j \frac{\partial}{\partial n}\right) n_k \,, \qquad \mathcal{T}^t_{kj}(n) = \mu \left\{[\delta_{kj} - 2n_k n_j] \frac{\partial}{\partial n} + n_j \frac{\partial}{\partial x_k}\right\} \tag{2.2}$$

und

$$((\mathcal{T}(n)\, u)_n = \mathcal{T}^n(n)\, u \,, \qquad (\mathcal{T}(n)\, u)_t = \mathcal{T}^t(n)\, u \,. \tag{2.3}$$

Problem G: Gesucht ist ein regulärer Vektor $u(P)$ mit

$$\underset{(p)}{\mathcal{A}} u = 0 \quad \text{in} \quad D_p \,, \qquad p = 0, 1, \dots, N \,, \tag{2.4}$$

der folgende Kopplungsbedingungen erfüllt:

$$\{\underset{(0)}{\mathcal{T}^t}(n)\, u\}^- = h^- \quad \text{auf} \quad S \,, \tag{2.5a}$$

$$\{\underset{(q)}{\mathcal{T}^t}(n)\, u\}^+ = h^+ \quad \text{auf} \quad S_q \,, \quad q = 1, \dots, N \,, \tag{2.5b}$$

$$\{\underset{(q)}{\mathcal{T}}(n)\, u \cdot n\}^+ - \{\underset{(0)}{\mathcal{T}}(n)\, u \cdot n\}^- = k \quad \text{auf} \quad S_q \,, \qquad q = 1, \dots, N \,, \tag{2.5c}$$

$$(\{u\}^+ - \{u\}^-) \cdot n = g \quad \text{auf} \quad S \,. \tag{2.5d}$$

Dabei bedeutet $\{\cdot\}^+$, $\{\cdot\}^-$ den Grenzwert des in der Klammer stehenden Ausdrucks auf der Normalen von S von innen bzw. außen her und n den äußeren Normaleneinheitsvektor von S. Das zu G gehörige homogene Problem ($g = k = 0$, $h^+ = h^- = 0$) bezeichnen wir mit Go.

Problem H: Gesucht ist ein regulärer Vektor $u(P)$, der (2.4) und die folgenden Kopplungsbedingungen erfüllt:

$$\{u_t\}^- = v^- \quad \text{auf} \quad S \,, \tag{2.6a}$$

$$\{u_t\}^+ = v^+ \quad \text{auf} \quad S \,, \tag{2.6b}$$

$$(\{u\}^+ - \{u\}^-) \cdot n = g \quad \text{auf} \quad S \,, \tag{2.6c}$$

$$\{\underset{(q)}{\mathcal{T}}(n)\, u \cdot n\}^+ - \{\underset{(0)}{\mathcal{T}}(n)\, u \cdot n\}^- = k \quad \text{auf} \quad S_q \,, \qquad q = 1, \dots, N \,. \tag{2.6d}$$

Das entsprechende homogene Problem ($g = k = 0$, $v^+ = v^- = 0$) bezeichnen wir mit Ho.

Es ist klar, daß für die vorgegebenen Vektorfelder $\boldsymbol{h}^+$, $\boldsymbol{h}^-$, $\boldsymbol{v}^+$, $\boldsymbol{v}^-$ gelten muß $\boldsymbol{h}^+ = \boldsymbol{h}_t^+$, $\boldsymbol{h}^- = \boldsymbol{h}_t^-$, $\boldsymbol{v}^+ = \boldsymbol{v}_t^+$, $\boldsymbol{v}^- = \boldsymbol{v}_t^-$.

Bei den weiteren Untersuchungen kommen noch folgende Hilfsprobleme vor.

Problem Gho: Gesucht ist ein regulärer Vektor $\boldsymbol{u}(P)$, der (2.4) und die folgenden homogenen Kopplungsbedingungen erfüllt

$$\{\underset{(0)}{\mathcal{T}^t}(\boldsymbol{n})\,\boldsymbol{u}\}^- = 0 \quad \text{auf} \quad S\,, \tag{2.7a}$$

$$\{\underset{(q)}{\mathcal{T}^t}(\boldsymbol{n})\,\boldsymbol{u}\}^+ = 0 \quad \text{auf} \quad S_q\,, \qquad q = 1, \dots, N\,, \tag{2.7b}$$

$$B_q\{\underset{(q)}{\mathcal{T}}(\boldsymbol{n})\,\boldsymbol{u}\cdot\boldsymbol{n}\}^+ + B_0\{\underset{(0)}{\mathcal{T}}(\boldsymbol{n})\,\boldsymbol{u}\cdot\boldsymbol{n}\}^- = 0 \quad \text{auf} \quad S_q\,, \quad q = 1, \dots, N\,, \tag{2.7c}$$

$$(\{\boldsymbol{u}\}^+ + \{\boldsymbol{u}\}^-)\cdot\boldsymbol{n} = 0 \qquad (B_0, B_q > 0)\,. \tag{2.7d}$$

Problem Hho: Gesucht ist ein regulärer Vektor $\boldsymbol{u}(P)$, der (2.4) und die folgenden homogenen Kopplungsbedingungen erfüllt

$$\{\boldsymbol{u}_t\}^- = 0 \quad \text{auf} \quad S\,, \tag{2.8a}$$

$$\{\boldsymbol{u}_t\}^+ = 0 \quad \text{auf} \quad S\,, \tag{2.8b}$$

$$\{\boldsymbol{u}\}^+ + \{\boldsymbol{u}\}^- = 0 \quad \text{auf} \quad S\,, \tag{2.8c}$$

$$B_q\{\underset{(q)}{\mathcal{T}}(\boldsymbol{n})\,\boldsymbol{u}\cdot\boldsymbol{n}\}^+ + B_0\{\underset{(0)}{\mathcal{T}}(\boldsymbol{n})\,\boldsymbol{u}\cdot\boldsymbol{n}\}^- = 0 \quad \text{auf} \quad S_q\,, \qquad q = 1, \dots, N\,, \quad (B_0, B_q > 0)\,. \tag{2.8d}$$

3. Eindeutigkeitssätze

Die Flächen $S_1, \dots, S_{n_f}$ seien keine Rotationsflächen, die Flächen $S_{n_f+1} = S_{r1}, \dots, S_{n_f+n_r} = S_{rn_r}$ seien Rotationsflächen aber keine Kugelflächen, die Flächen $S_{n_f+n_r+1} = S_{k1}, \dots, S_{n_f+n_r+n_k} = S_{kn_k}$ seien Kugelflächen, $n_f + n_r + n_k = N$. Das von S_{rs} bzw. S_{kt} berandete Gebiet werde mit D_{rs} bzw. D_{kt} bezeichnet. Sei $\boldsymbol{r}_{rs}$ der Ortsvektor eines Punktes der Symmetrieachse von S_{rs} und $\boldsymbol{\alpha}_{rs}$ ein Richtungsvektor derselben, $s = 1, \dots, n_r$, und $\boldsymbol{r}_{kt}$ der Ortsvektor des Mittelpunktes der Kugel S_{kt}, $t = 1, \dots, n_k$. Die infinitesimalen starren Verschiebungen bezeichnen wir mit

$$\boldsymbol{a}_1 = (1, 0, 0)\,, \qquad \boldsymbol{a}_2 = (0, 1, 0)\,, \qquad \boldsymbol{a}_3 = (0, 0, 1)\,,$$

$$\boldsymbol{a}_4(\boldsymbol{x}) = (0, x_3, -x_2))\,, \quad \boldsymbol{a}_5(\boldsymbol{x}) = (-x_3, 0, x_1)\,, \quad \boldsymbol{a}_6(\boldsymbol{x}) = (x_2, -x_1, 0)\,.$$

Wir setzen voraus, daß $D_1, \dots, D_N$ Gebiete der Klasse C_2 sind (vgl. [4], Def. 1.2), dann gilt für reguläre $\boldsymbol{u}, \boldsymbol{v}$ der Integralsatz

$$\int_{D_p} \big(\underset{(p)}{\Delta}\boldsymbol{u}\cdot\boldsymbol{v} + \underset{(p)}{E}(\boldsymbol{u}, \boldsymbol{v})\big)\,\mathrm{d}V = \int_{S_p} \underset{(p)}{\mathcal{T}}(\boldsymbol{n})\,\boldsymbol{u}\cdot\boldsymbol{v}\,\mathrm{d}S \quad (\boldsymbol{n}\text{ äußere Normale von } D_p)\,, \quad p = 0, \dots, N_p\,, \tag{3.1}$$

mit

$$\underset{(p)}{E}(\boldsymbol{u}, \boldsymbol{v}) = \frac{1}{2}\,\mu_p \sum_{i,j=1}^{3} (u_{i,j} + u_{j,i})\,(v_{i,j} + v_{j,i}) + \lambda_p\left(\sum_{j=1}^{3} u_{j,j}\right)\left(\sum_{j=1}^{3} v_{j,j}\right).$$

Die Voraussetzungen für die Gültigkeit von (3.1) lassen sich abschwächen (vgl. [12], Bem. S. 181).

Eindeutigkeitssatz 1: *Das Problem* Go *und* Gho *hat die $n_r + 3n_k$ linear unabhängigen Lösungen*

$$\begin{aligned} \boldsymbol{c}_s(\boldsymbol{x}) &= \begin{cases} (\boldsymbol{x} - \boldsymbol{r}_{rs}) \times \boldsymbol{\alpha}_{rs} & \textit{für} \quad \boldsymbol{x} \in D_{rs} \\ 0 & \textit{für} \quad \boldsymbol{x} \in E_3 \setminus \overline{D}_{rs} \end{cases}, \qquad s = 1, \dots, n_r \\ \boldsymbol{b}_{it}(\boldsymbol{x}) &= \begin{cases} (\boldsymbol{x} - \boldsymbol{r}_{kt}) \times \boldsymbol{a}_i & \textit{für} \quad \boldsymbol{x} \in D_{kt} \\ 0 & \textit{für} \quad \boldsymbol{x} \in E_3 \setminus \overline{D}_{kt} \end{cases}, \qquad i = 1, 2, 3\,, \quad t = 1, \dots, n_k\,. \end{aligned} \tag{3.2}$$

Beweis: Sei u eine Lösung des Problems Go, dann folgt aus (3.1)

$$\sum_{p=0}^{N} \int_{D_p} \underset{(p)}{E}(u, u)\, dV = \sum_{q=1}^{N} \int_{S_q} \left(\{\underset{(q)}{\mathcal{T}(n)\, u}\}^+ \cdot \{u\}^+ - \{\underset{(0)}{\mathcal{T}(n)\, u}\}^- \cdot \{u\}^-\right) dS$$

$$= \sum_{q=1}^{N} \int_{S_q} \left(\{\underset{(q)}{\mathcal{T}(n)\, u \cdot n}\}^+ (\{u\}^+ \cdot n) - \{\underset{(0)}{\mathcal{T}(n)\, u \cdot n}\}^- (\{u\}^- \cdot n)\right) dS$$

$$= 0\,.$$

Ist u Lösung des Problems Gho, dann folgt aus (3.1)

$$\int_{D_q} \underset{(q)}{E}(u, u)\, dV = \int_{S_q} \{\underset{(q)}{\mathcal{T}(n)\, u}\}^+ \cdot \{u\}^+\, dS$$

$$= \int_{S_q} \{\underset{(q)}{\mathcal{T}(n)\, u \cdot n}\}^+ (\{u\}^+ \cdot n)\, dS\,, \qquad q = 1, \dots, N\,,$$

und

$$\int_{D_0} \underset{(0)}{E}(u, u)\, dV = -\sum_{q=1}^{N} \int_{S_q} \{\underset{(0)}{\mathcal{T}(n)\, u \cdot n}\}^- (\{u\}^- \cdot n)\, dS$$

$$= -\sum_{q=1}^{N} \frac{B_q}{B_0} \int_{S_q} \{\underset{(q)}{\mathcal{T}(n)\, u \cdot n}\}^+ (\{u\}^+ \cdot n)\, dS$$

also

$$\int_{D_0} \underset{(0)}{E}(u, u)\, dV + \sum_{q=1}^{N} \frac{B_q}{B_0} \int_{D_q} \underset{(q)}{E}(u, u)\, dV = 0\,.$$

Wegen der positiven Definitheit von $\underset{(p)}{E}(u, u)$ folgt in beiden Fällen $u \in V_{6N}$ (vgl. [11]), wobei V_{6N} der von den Vektoren

$$a_{iq}(x) = \begin{cases} a_i(x) & \text{für} \quad x \in D_q \\ 0 & \text{für} \quad x \in E_3 \setminus \overline{D}_q \end{cases}, \qquad i = 1, \dots, 6\,, \qquad q = 1, \dots, N\,,$$

aufgespannte $6N$-dimensionale Vektorraum ist. Auf Grund der Bedingung $\{u\}^+ \cdot n = 0$ auf S wird u auf den von den Vektoren (3.2) aufgespannten $(n_r + 3n_k)$-dimensionalen Vektorraum eingeschränkt. Andererseits ist jeder der Vektoren (3.2) Lösung des Problems Go and Gho.

Eindeutigkeitssatz 2: *Das Problem* Ho *und* Hho *hat nur die triviale Lösung.*

Beweis: Analog wie beim Beweis des Eindeutigkeitssatzes 1 folgert man, daß für eine Lösung u des Problems Ho oder Hho gilt $u \in V_{6N}$. Wegen $\{u\}^+ = 0$ folgt $u \equiv 0$.

4. Potentiale

Mit $\Gamma(P, Q)$ bezeichnen wir die SOMIGLIANAsche Grundlösungsmatrix von $\mathcal{A} = \mu\, \Delta + (\lambda + \mu)$ grad div es ist $\big(P = (x_1, x_2, x_3),\ Q = (\xi_1, \xi_2, \xi_3)\big)$

$$\Gamma_{kj}(P, Q) = \frac{1}{2\mu(\lambda + 2\mu)} \left[(\lambda + \mu) \frac{\partial r_{PQ}}{\partial x_k} \frac{\partial r_{PQ}}{\partial x_j} + (\lambda + 3\mu)\, \delta_{kj}\right] \frac{1}{r_{PQ}}, \qquad k, j = 1, 2, 3\,. \tag{4.1}$$

Wie in [4], S. 17, vereinbart, wird eine Operation bezüglich P spaltenweise und bezüglich Q zeilenweise angewandt, also z. B.

$$\big(\mathcal{T}(n_P)\, \Gamma(P, Q)\big)_{kj} = \sum_{i=1}^{3} \mathcal{T}_{ki}(n_P)\, \Gamma_{ij}(P, Q)\,, \qquad \big(\mathcal{T}(n_Q)\, \Gamma(P, Q)\big)_{kj} = \sum_{i=1}^{3} \mathcal{T}_{ji}(n_Q)\, \Gamma_{ki}(P, Q) \tag{4.2}$$

mit

$$\mathcal{T}_{kj}(n_P) = \lambda n_k(P) \frac{\partial}{\partial x_j} + \mu n_j(P) \frac{\partial}{\partial x_k} + \mu \delta_{kj} \frac{\partial}{\partial n_P},$$

$$\mathcal{T}_{kj}(n_Q) = \lambda n_k(Q) \frac{\partial}{\partial \xi_j} + \mu n_j(Q) \frac{\partial}{\partial \xi_k} + \mu \delta_{kj} \frac{\partial}{\partial n_Q}.$$

Wir arbeiten mit folgenden Potentialen:

$$W^t(P,\varphi) = \frac{1}{2\pi}\int_S \mathcal{T}^t(n_Q)\ \Gamma(P,Q)\ \varphi(Q)\ dS_Q\,, \tag{4.3}$$

$$W^n(P,\varphi) = \frac{1}{2\pi}\int_S \mathcal{T}^n(n_Q)\ \Gamma(P,Q)\ \varphi(Q)\ dS_Q\,, \tag{4.4}$$

$$V^t(P,\varphi) = \frac{1}{2\pi}\int_S \mathcal{E}^t(n_Q)\ \Gamma(P,Q)\ \varphi(Q)\ dS_Q\,, \tag{4.5}$$

$$V^n(P,\varphi) = \frac{1}{2\pi}\int_S \mathcal{E}^n(n_Q)\ \Gamma(P,Q)\ \varphi(Q)\ dS_Q\,. \tag{4.6}$$

Dabei ist zunächst $S \subset \Lambda_1$ eine geschlossene Fläche, n_Q äußerer Normaleneinheitsvektor von S in $Q \in S$, $\varphi(Q)$ auf S stetig. Das von S umschlossene Gebiet bezeichnen wir mit D^+ und das Außengebiet mit $D^- = E_3 \setminus \overline{D}^+$.

Daneben haben wir auch die allgemeineren Potentiale

$$\overset{\varkappa}{W}{}^t(P,\varphi) = \frac{1}{2\pi}\int_S \overset{\varkappa}{\mathcal{T}}{}^t(n_Q)\ \Gamma(P,Q)\ \varphi(Q)\ dS_Q\,,$$

$$\overset{\varkappa}{W}{}^n(P,\varphi) = \frac{1}{2\pi}\int_S \overset{\varkappa}{\mathcal{T}}{}^n(n_Q)\ \Gamma(P,Q)\ \varphi(Q)\ dS_Q\,,$$

die mit dem verallgemeinerten Spannungsoperator $\overset{\varkappa}{\mathcal{T}}$ gebildet sind, untersucht. Es ist

$$\overset{\varkappa}{\mathcal{T}}_{kj}(n) = \mu\delta_{kj}\frac{\partial}{\partial n} + (\lambda+\mu-\varkappa)\,n_k\frac{\partial}{\partial x_j} + \varkappa n_j\frac{\partial}{\partial x_k}$$

sowie

$$\overset{\varkappa}{\mathcal{T}}{}^n_{kj}(n) = (\mu+\varkappa)\,n_k n_j\frac{\partial}{\partial n} + (\lambda+\mu-\varkappa)\,n_k\frac{\partial}{\partial x_j}\,,$$

$$\overset{\varkappa}{\mathcal{T}}{}^t_{kj}(n) = \mu(\delta_{kj}-n_k n_j)\frac{\partial}{\partial n} + \varkappa\left(n_j\frac{\partial}{\partial x_k} - n_k n_j\frac{\partial}{\partial n}\right).$$

Im Spezialfall $\varkappa = \mu$ lassen wir den oberen Index $\varkappa$ weg und erhalten die oben definierten Ausdrücke (4.3), (4.4), (2.1), (2.2).

Offenbar gilt wegen $\mathcal{A}\Gamma(P,Q) = 0$ für $P \neq Q$

$$\mathcal{A}\overset{\varkappa}{W}{}^t(P,\varphi) = 0\,,\quad \mathcal{A}\overset{\varkappa}{W}{}^n(P,\varphi) = 0\,,\quad \mathcal{A}V^t(P,\varphi) = 0\,,\quad \mathcal{A}V^n(P,\varphi) = 0\,,\quad \text{für}\quad P \notin S\,. \tag{4.7}$$

Wie in [4] ist

$$\overset{\varkappa}{W}(P,\varphi) = \frac{1}{2\pi}\int_S \overset{\varkappa}{\mathcal{T}}(n_Q)\ \Gamma(P,Q)\ \varphi(Q)\ dS_Q\,, \tag{4.8}$$

$$V(P,\varphi) = \frac{1}{2\pi}\int_S \Gamma(P,Q)\ \varphi(Q)\ dS_Q \tag{4.9}$$

das elastische Potential der Doppel- und Einfachbelegung. Es gilt offenbar

$$\overset{\varkappa}{W}(P,\varphi) = \overset{\varkappa}{W}{}^t(P,\varphi) + \overset{\varkappa}{W}{}^n(P,\varphi)\,,\qquad V(P,\varphi) = V^t(P,\varphi) + V^n(P,\varphi)\,. \tag{4.10}$$

Hilfssatz 4.1: *Sei* $\varphi_n = \mathcal{E}^n(n_Q)\,\varphi(Q)$, $\varphi_t = \mathcal{E}^t(n_Q)\,\varphi(Q)$, *dann ist* $\overset{\times}{W}{}^t(P, \varphi_n) = 0$, $\overset{\times}{W}{}^n(P, \varphi_t) = 0$.

Beweis: Die k-te Komponente von $\overset{\times}{\mathcal{T}}{}^t(n_Q)\,\Gamma(P, Q)\,\mathcal{E}^n(n_Q)\,\varphi(Q)$ ist

$$\sum_{i,j,l=1}^{3} \overset{\times}{\mathcal{T}}{}^t_{ji}(n_Q)\,\Gamma_{ki}(P, Q)\,\mathcal{E}^n_{jl}(n_Q)\,\varphi_l(Q)$$

$$= \sum_{i,j,l=1}^{3} \left[\mu(\delta_{ji} - n_j(Q)\,n_i(Q))\,\frac{\partial \Gamma_{ki}(P, Q)}{\partial n_Q} + \varkappa\left(n_i(Q)\,\frac{\partial \Gamma_{ki}(P, Q)}{\partial \xi_j} - n_j(Q)\,n_i(Q)\,\frac{\partial \Gamma_{ki}(P, Q)}{\partial n_Q}\right)\right] n_j(Q)\,n_l(Q)\,\varphi_l(Q)$$

$$= \sum_{i,l=1}^{3} \mu\,\frac{\partial \Gamma_{ki}(P, Q)}{\partial n_Q}\,n_i(Q)\,n_l(Q)\,\varphi_l(Q) - \sum_{i,l=1}^{3} \mu\,\frac{\partial \Gamma_{ki}(P, Q)}{\partial n_Q}\,n_i(Q)\,n_l(Q)\,\varphi_l(Q)$$

$$+ \sum_{i,l=1}^{3} \varkappa n_i(Q)\,\frac{\partial \Gamma_{ki}(P, Q)}{\partial n_Q}\,n_l(Q)\,\varphi_l(Q) - \sum_{i,l=1}^{3} \varkappa n_i(Q)\,\frac{\partial \Gamma_{ki}(P, Q)}{\partial n_Q}\,n_l(Q)\,\varphi_l(Q) = 0\,.$$

Die k-te Komponente von $\overset{\times}{\mathcal{T}}{}^n(n_Q)\,\Gamma(P, Q)\,\mathcal{E}^t(n_Q)\,\varphi(Q)$ ist

$$\sum_{i,j,l=1}^{3} \overset{\times}{\mathcal{T}}{}^n_{ji}(n_Q)\,\Gamma_{ki}(P, Q)\,\mathcal{E}^t_{jl}(n_Q)\,\varphi_l(Q)$$

$$= \sum_{i,j,l=1}^{3} \left[(\mu + \varkappa)\,n_j(Q)\,n_i(Q)\,\frac{\partial \Gamma_{ki}(P, Q)}{\partial n_Q} + (\lambda + \mu - \varkappa)\,n_j(Q)\,\frac{\partial \Gamma_{ki}(P, Q)}{\partial \xi_i}\right] [\delta_{jl} - n_j(Q)\,n_l(Q)]\,\varphi_l(Q)$$

$$= \sum_{i,l=1}^{3} (\mu + \varkappa)\,\frac{\partial \Gamma_{ki}(P, Q)}{\partial n_Q}\,n_i(Q)\,n_l(Q)\,\varphi_l(Q) - \sum_{i,l=1}^{3} (\mu + \varkappa)\,\frac{\partial \Gamma_{ki}(P, Q)}{\partial n_Q}\,n_i(Q)\,n_l(Q)\,\varphi_l(Q)$$

$$+ \sum_{i,l=1}^{3} (\lambda + \mu - \varkappa)\,\frac{\partial \Gamma_{ki}(P, Q)}{\partial \xi_i}\,n_l(Q)\,\varphi_l(Q) - \sum_{i,l=1}^{3} (\lambda + \mu - \varkappa)\,\frac{\partial \Gamma_{ki}(P, Q)}{\partial \xi_i}\,n_l(Q)\,\varphi_l(Q) = 0\,.$$

Damit ist der Hilfssatz bewiesen.

Aus Hilfssatz 4.1 und (4.10) folgen leicht die Formeln

$$\overset{\times}{W}{}^t(P, \varphi) = \overset{\times}{W}{}^t(P, \varphi_t) = \overset{\times}{W}(P, \varphi_t)\,, \tag{4.11}$$

$$\overset{\times}{W}{}^n(P, \varphi) = \overset{\times}{W}{}^n(P, \varphi_n) = \overset{\times}{W}(P, \varphi_n)\,. \tag{4.12}$$

Aus Satz 3.1 in [4] sowie (4.11) und (4.12) folgt der

Satz 4.1: *Sei* $S \subset \Lambda_{n+1}(\alpha)$, $\varphi \subset C^{n,\beta}(S)$, $0 < \beta < \alpha \leqq 1$, $n \geqq 0$, *dann ist* $\overset{\times}{W}{}^t(P, \varphi) \subset C^{n,\beta}(D^+)$, $\overset{\times}{W}{}^n(P, \varphi) \subset C^{n,\beta}(D^+)$, $\overset{\times}{W}{}^t(P, \varphi) \subset C^{n,\beta}(D^-)$, $\overset{\times}{W}{}^n(P, \varphi) \subset C^{n,\beta}(D^-)$.

Zum Beweis ist lediglich zu bemerken, daß unter den gemachten Voraussetzungen $\varphi_t \subset C^{n,\beta}(S)$, $\varphi_n \subset C^{n,\beta}(S)$.

Weiter folgt aus (4.11), (4.12) und der bekannten Sprungrelation für das Potential der Doppelschicht (vgl. [4], S. 19 u. 22, [12], S. 198) der

Satz 4.2: *Sei* $S \subset \Lambda_1(\alpha)$, $\varphi \subset C^{0,\beta}(S)$, $0 < \beta < \alpha \leqq 1$, *dann gilt*

$$\{\overset{\times}{W}{}^t(Q_0, \varphi)\}^{\pm} = \mp\, \varphi_t(Q_0) + \overset{\times}{W}{}^t(Q_0, \varphi)\,, \qquad Q_0 \in S\,, \tag{4.13}$$

$$\{\overset{\times}{W}{}^n(Q_0, \varphi)\}^{\pm} = \mp\, \varphi_n(Q_0) + \overset{\times}{W}{}^n(Q_0, \varphi)\,, \qquad Q_0 \in S\,. \tag{4.14}$$

$\overset{\times}{W}{}^t(Q_0, \varphi)$, $\overset{\times}{W}{}^n(Q_0, \varphi)$ *existieren im Sinne des* CAUCHY*schen Hauptwertes und es ist* $\overset{\times}{W}{}^t(Q_0, \varphi), \overset{\times}{W}{}^n(Q_0, \varphi) \subset C^{0,\beta}(S)$.

Aus (4.13) und (4.14) folgt

$$\{\overset{\times}{W}{}^t(Q_0, \varphi_n)\}^{\pm} = \overset{\times}{W}{}^t(Q_0, \varphi_n)\,, \qquad \{\overset{\times}{W}{}^n(Q_0, \varphi_t)\}^{\pm} = \overset{\times}{W}{}^n(Q_0, \varphi_t)\,. \tag{4.15}$$

Weiter folgt aus (4.11), (4.12) und dem Satz von LJAPUNOW-TAUBER (vgl. [4], S. 23) der

Satz 4.3: *Sei* $S \subset \Lambda_2(\alpha)$, $\boldsymbol{\varphi} \subset C^{1,\beta}(S)$, $0 < \beta < \alpha \leqq 1$, *dann gilt* $\{\overset{*}{\mathcal{T}}(\boldsymbol{n}_{Q_0})\, \overset{*}{\boldsymbol{W}}{}^t(Q_0, \boldsymbol{\varphi})\}^{\pm} \subset C^{0,\beta}(S)$, $\{\overset{*}{\mathcal{T}}(\boldsymbol{n}_{Q_0})\, \overset{*}{\boldsymbol{W}}{}^n(Q_0, \boldsymbol{\varphi})\}^{\pm} \subset C^{0,\beta}(S)$ *und*

$$\{\overset{*}{\mathcal{T}}(\boldsymbol{n}_{Q_0})\, \overset{*}{\boldsymbol{W}}{}^t(Q_0, \boldsymbol{\varphi})\}^+ = \{\overset{*}{\mathcal{T}}(\boldsymbol{n}_{Q_0})\, \overset{*}{\boldsymbol{W}}{}^t(Q_0, \boldsymbol{\varphi})\}^- , \tag{4.16}$$

$$\{\overset{*}{\mathcal{T}}(\boldsymbol{n}_{Q_0})\, \overset{*}{\boldsymbol{W}}{}^n(Q_0, \boldsymbol{\varphi})\}^+ = \{\overset{*}{\mathcal{T}}(\boldsymbol{n}_{Q_0})\, \overset{*}{\boldsymbol{W}}{}^n(Q_0, \boldsymbol{\varphi})\}^- . \tag{4.17}$$

Wegen $\overset{*}{\mathcal{T}}(\boldsymbol{n})\, \boldsymbol{u} = \overset{*}{\mathcal{T}}{}^t(\boldsymbol{n})\, \boldsymbol{u} + \overset{*}{\mathcal{T}}{}^n(\boldsymbol{n})\, \boldsymbol{u}$, $\overset{*}{\mathcal{T}}{}^t(\boldsymbol{n})\, \boldsymbol{u} \perp \overset{*}{\mathcal{T}}{}^n(\boldsymbol{n})\, \boldsymbol{u}$ folgen aus (4.16) und (4.17) die Sprungrelationen

$$\{\overset{*}{\mathcal{T}}{}^t(\boldsymbol{n}_{Q_0})\, \overset{*}{\boldsymbol{W}}{}^t(Q_0, \boldsymbol{\varphi})\}^+ = \{\overset{*}{\mathcal{T}}{}^t(\boldsymbol{n}_{Q_0})\, \overset{*}{\boldsymbol{W}}{}^t(Q_0, \boldsymbol{\varphi})\}^- , \tag{4.18}$$

$$\{\overset{*}{\mathcal{T}}{}^n(\boldsymbol{n}_{Q_0})\, \overset{*}{\boldsymbol{W}}{}^t(Q_0, \boldsymbol{\varphi})\}^+ = \{\overset{*}{\mathcal{T}}{}^n(\boldsymbol{n}_{Q_0})\, \overset{*}{\boldsymbol{W}}{}^t(Q_0, \boldsymbol{\varphi})\}^- , \tag{4.19}$$

$$\{\overset{*}{\mathcal{T}}{}^t(\boldsymbol{n}_{Q_0})\, \overset{*}{\boldsymbol{W}}{}^n(Q_0, \boldsymbol{\varphi})\}^+ = \{\overset{*}{\mathcal{T}}{}^t(\boldsymbol{n}_{Q_0})\, \overset{*}{\boldsymbol{W}}{}^n(Q_0, \boldsymbol{\varphi})\}^- , \tag{4.20}$$

$$\{\overset{*}{\mathcal{T}}{}^n(\boldsymbol{n}_{Q_0})\, \overset{*}{\boldsymbol{W}}{}^n(Q_0, \boldsymbol{\varphi})\}^+ = \{\overset{*}{\mathcal{T}}{}^n(\boldsymbol{n}_{Q_0})\, \overset{*}{\boldsymbol{W}}{}^n(Q_0, \boldsymbol{\varphi})\}^- . \tag{4.21}$$

Hilfssatz 4.2: *Sei* $\varphi_n = \mathcal{E}^n(\boldsymbol{n}_Q)\, \boldsymbol{\varphi}(Q)$, $\boldsymbol{\varphi}_t = \mathcal{E}^t(\boldsymbol{n}_Q)\, \boldsymbol{\varphi}(Q)$, *dann ist* $\boldsymbol{V}^t(P, \boldsymbol{\varphi}_n) = 0$, $\boldsymbol{V}^n(P, \boldsymbol{\varphi}_t) = 0$.

Beweis: Die k-te Komponente von $\mathcal{E}^t(\boldsymbol{n}_Q)\, \Gamma(P, Q)\, \mathcal{E}^n(\boldsymbol{n}_Q)\, \boldsymbol{\varphi}(Q)$ ist

$$\begin{aligned}
&\sum_{i,j,l=1}^{3} \mathcal{E}^t_{ji}(\boldsymbol{n}_Q)\, \Gamma_{ki}(P, Q)\, \mathcal{E}^n_{jl}(\boldsymbol{n}_Q)\, \varphi_l(Q)\\
&= \sum_{i,j,l=1}^{3} [\delta_{ji} - n_j(Q)\, n_i(Q)]\, \Gamma_{ki}(P, Q)\, n_j(Q)\, n_l(Q)\, \varphi_l(Q)\\
&= \sum_{i,l=1}^{3} \Gamma_{ki}(P, Q)\, n_i(Q)\, n_l(Q)\, \varphi_l(Q) - \sum_{i,l=1}^{3} n_i(Q)\, \Gamma_{ki}(P, Q)\, n_l(Q)\, \varphi_l(Q) = 0\,.
\end{aligned}$$

Die k-te Komponente von $\mathcal{E}^n(\boldsymbol{n}_Q)\, \Gamma(P, Q)\, \mathcal{E}^t(\boldsymbol{n}_Q)\, \boldsymbol{\varphi}(Q)$ ist

$$\begin{aligned}
&\sum_{i,j,l=1}^{3} \mathcal{E}^n_{ji}(\boldsymbol{n}_Q)\, \Gamma_{ki}(P, Q)\, \mathcal{E}^t_{jl}(\boldsymbol{n}_Q)\, \varphi(Q)\\
&= \sum_{i,j,l=1}^{3} n_j(Q)\, n_i(Q)\, \Gamma_{ki}(P, Q)\, [\delta_{jl} - n_j(Q)\, n_l(Q)]\, \varphi_l(Q)\\
&= \sum_{i,l=1}^{3} n_l(Q)\, n_i(Q)\, \Gamma_{ki}(P, Q)\, \varphi_l(Q) - \sum_{i,l=1}^{3} n_i(Q)\, \Gamma_{ki}(P, Q)\, n_l(Q)\, \varphi_l(Q) = 0\,.
\end{aligned}$$

Aus (4.10) und Hilfssatz 4.2 folgen die Formeln

$$\boldsymbol{V}^t(P, \boldsymbol{\varphi}) = \boldsymbol{V}^t(P, \boldsymbol{\varphi}_t) = \boldsymbol{V}(P, \boldsymbol{\varphi}_t)\,, \tag{4.22}$$

$$\boldsymbol{V}^n(P, \boldsymbol{\varphi}) = \boldsymbol{V}^n(P, \boldsymbol{\varphi}_n) = \boldsymbol{V}(P, \boldsymbol{\varphi}_n)\,. \tag{4.23}$$

Aus Satz 3.2 in [4] sowie (4.22) und (4.23) folgt der

Satz 4.4: *Sei* $S \subset \Lambda_{n+1}(\alpha)$, $\boldsymbol{\varphi} \subset C^{n,\beta}(S)$, $0 < \beta < \alpha \leqq 1$, *dann ist*

$$\begin{aligned}
&\boldsymbol{V}^t(P, \boldsymbol{\varphi}) \subset C^{n+1,\beta}(D^+)\,, \qquad &&\boldsymbol{V}^n(P, \boldsymbol{\varphi}) \subset C^{n+1,\beta}(D^+)\\
&\boldsymbol{V}^t(P, \boldsymbol{\varphi}) \subset C^{n+1,\beta}(D^-)\,, \qquad &&\boldsymbol{V}^n(P, \boldsymbol{\varphi}) \subset C^{n+1,\beta}(D^-)\,.
\end{aligned}$$

Weiter folgt aus (4.22), (4.23) und der bekannten Sprungrelation für das Potential der einfachen Schicht (vgl. [4], S. 19 + 22, [12], S. 199) der

Satz 4.5: *Sei* $S \subset \Lambda_1(\alpha)$, $\varphi \subset C^{0,\beta}(S)$, $0 < \beta < \alpha \leqq 1$, *dann gilt*

$$\{\overset{*}{\mathcal{T}}(\boldsymbol{n}_{Q_0})\, \boldsymbol{V}^t(Q_0, \varphi)\}^{\pm} = \pm\, \varphi_t(Q_0) + \frac{1}{2\pi} \int_S \overset{*}{\mathcal{T}}(\boldsymbol{n}_{Q_0})\, \Gamma(Q_0, Q)\, \mathcal{E}^t(\boldsymbol{n}_Q)\, \varphi(Q)\, \mathrm{d}S_Q\,, \qquad Q_0 \in S \tag{4.24}$$

$$\{\overset{*}{\mathcal{T}}(\boldsymbol{n}_{Q_0})\, \boldsymbol{V}^n(Q_0, \varphi)\}^{\pm} = \pm\, \varphi_n(Q_0) + \frac{1}{2\pi} \int_S \overset{*}{\mathcal{T}}(\boldsymbol{n}_{Q_0})\, \Gamma(Q_0, Q)\, \mathcal{E}^n(\boldsymbol{n}_Q)\, \varphi(Q)\, \mathrm{d}S_Q\,, \qquad Q_0 \in S\,. \tag{4.25}$$

Die Integrale auf der rechten Seite existieren im Sinne des CAUCHY*schen Hauptwertes und gehören zu* $C^{0,\beta}(S)$.

Da $\mathcal{E}^t(\boldsymbol{n}_Q)\, \Gamma(P, Q)\, \mathcal{E}^n(\boldsymbol{n}_Q)\, \varphi(Q) = 0$ und $\mathcal{E}^n(\boldsymbol{n}_Q)\, \Gamma(P, Q)\, \mathcal{E}^t(\boldsymbol{n}_Q)\, \varphi(Q) = 0$ ist (vgl. Hilfssatz 4.2) ist

$$\begin{aligned}\Gamma(Q_0, Q)\, \mathcal{E}^t(\boldsymbol{n}_Q)\, \varphi(Q) &= \big(\mathcal{E}^n(\boldsymbol{n}_Q) + \mathcal{E}^t(\boldsymbol{n}_Q)\big)\, \Gamma(Q_0, Q)\, \mathcal{E}^t(\boldsymbol{n}_Q)\, \varphi(Q) \\ &= \mathcal{E}^t(\boldsymbol{n}_Q)\, \Gamma(Q_0, Q)\, \mathcal{E}^t(\boldsymbol{n}_Q)\, \varphi(Q) \\ &= \mathcal{E}^t(\boldsymbol{n}_Q)\, \Gamma(Q_0, Q)\, \big(\mathcal{E} - \mathcal{E}^n(\boldsymbol{n}_Q)\big)\, \varphi(Q) \\ &= \mathcal{E}^t(\boldsymbol{n}_Q)\, \Gamma(Q_0, Q)\, \varphi(Q)\end{aligned}$$

und analog

$$\Gamma(Q_0, Q)\, \mathcal{E}^n(\boldsymbol{n}_Q)\, \varphi(Q) = \mathcal{E}^n(\boldsymbol{n}_Q)\, \Gamma(Q_0, Q)\, \varphi(Q)\,.$$

Damit kann man die Sprungrelationen (4.24), (4.25) in der Form

$$\{\overset{*}{\mathcal{T}}(\boldsymbol{n}_{Q_0})\, \boldsymbol{V}^t(Q_0, \varphi)\}^{\pm} = \pm\, \varphi_t(Q_0) + \frac{1}{2\pi} \int_S \overset{*}{\mathcal{T}}(\boldsymbol{n}_{Q_0})\, \mathcal{E}^t(\boldsymbol{n}_Q)\, \Gamma(Q_0, Q)\, \varphi(Q)\, \mathrm{d}S_Q\,, \tag{4.26}$$

$$\{\overset{*}{\mathcal{T}}(\boldsymbol{n}_{Q_0})\, \boldsymbol{V}^n(Q_0, \varphi)\}^{\pm} = \pm\, \varphi_n(Q_0) + \frac{1}{2\pi} \int_S \overset{*}{\mathcal{T}}(\boldsymbol{n}_{Q_0})\, \mathcal{E}^n(\boldsymbol{n}_Q)\, \Gamma(Q_0, Q)\, \varphi(Q)\, \mathrm{d}S_Q \tag{4.27}$$

schreiben. Multiplizieren wir (4.26), (4.27) mit $\mathcal{E}^t(\boldsymbol{n}_{Q_0})$ und $\mathcal{E}^n(\boldsymbol{n}_{Q_0})$, erhalten wir

$$\{\overset{*}{\mathcal{T}}{}^t(\boldsymbol{n}_{Q_0})\, \boldsymbol{V}^t(Q_0, \varphi)\}^{\pm} = \pm\, \varphi_t(Q_0) + \frac{1}{2\pi} \int_S \overset{*}{\mathcal{T}}{}^t(\boldsymbol{n}_{Q_0})\, \mathcal{E}^t(\boldsymbol{n}_Q)\, \Gamma(Q_0, Q)\, \varphi(Q)\, \mathrm{d}S_Q\,, \tag{4.28}$$

$$\{\overset{*}{\mathcal{T}}{}^n(\boldsymbol{n}_{Q_0})\, \boldsymbol{V}^t(Q_0, \varphi)\}^{\pm} = \frac{1}{2\pi} \int_S \overset{*}{\mathcal{T}}{}^n(\boldsymbol{n}_{Q_0})\, \mathcal{E}^t(\boldsymbol{n}_Q)\, \Gamma(Q_0, Q)\, \varphi(Q)\, \mathrm{d}S_Q\,, \tag{4.29}$$

$$\{\overset{*}{\mathcal{T}}{}^t(\boldsymbol{n}_{Q_0})\, \boldsymbol{V}^n(Q_0, \varphi)\}^{\pm} = \frac{1}{2\pi} \int_S \overset{*}{\mathcal{T}}{}^t(\boldsymbol{n}_{Q_0})\, \mathcal{E}^n(\boldsymbol{n}_Q)\, \Gamma(Q_0, Q)\, \varphi(Q)\, \mathrm{d}S_Q\,, \tag{4.30}$$

$$\{\overset{*}{\mathcal{T}}{}^n(\boldsymbol{n}_{Q_0})\, \boldsymbol{V}^n(Q_0, \varphi)\}^{\pm} = \pm\, \varphi_n(Q_0) + \frac{1}{2\pi} \int_S \overset{*}{\mathcal{T}}{}^n(\boldsymbol{n}_{Q_0})\, \mathcal{E}^n(\boldsymbol{n}_Q)\, \Gamma(Q_0, Q)\, \varphi(Q)\, \mathrm{d}S_Q\,. \tag{4.31}$$

Unter der Voraussetzung des Satzes 4.5 existieren die Integrale auf der rechten Seite von (4.28)—(4.31) im Sinne des CAUCHYschen Hauptwertes und gehören zu $C^{0,\beta}(S)$.

Wir haben jetzt Potentiale der Gestalt $\int_S K(P, Q)\, f(Q)\, \mathrm{d}S_Q$ zu betrachten, deren Kern $K(P, Q)$ zwar ein Singularitätsverhalten wie $O(r_{PQ}^{-3})$ hat, jedoch $K(Q_0, Q) = O(r_{Q_0Q}^{-2})$ für $Q_0, Q \in S$ gilt und $\int_S K(Q_0, Q)\, f(Q)\, \mathrm{d}S_Q$ im Sinne des CAUCHYschen Hauptwertes existiert. Der **Beweis** der Sprungrelationen erfolgt nach folgendem Schema. Mit $S(Q_0, \delta) \subset S$ bezeichnen wir das den Punkt $Q_0 \in S$ enthaltende zusammenhängende Flächenstück, das innerhalb des geraden Kreiszylinders vom Radius δ liegt, dessen Symmetrieachse durch

Q_0 geht und mit dem Normalenvektor n_{Q_0} gleichgerichtet ist. Wir machen nun folgende Zerlegung:

$$\begin{aligned}\int_S K(P,Q)f(Q)\,\mathrm{d}S_Q &= \int_S [K(P,Q)-K(Q_0,Q)]\,\mathrm{d}S_Q\cdot f(Q_0) + \int_S K(Q_0,Q)f(Q)\,\mathrm{d}S_Q\\ &+ \int_{S\setminus S(Q_0,\delta)} [K(P,Q)-K(Q_0,Q)]\,[f(Q)-f(Q_0)]\,\mathrm{d}S_Q\\ &- \int_{S(Q_0,\delta)} K(Q_0,Q)\,[f(Q)-f(Q_0)]\,\mathrm{d}S_Q\\ &+ \int_{S(Q_0,\delta)} K(P,Q)\,[f(Q)-f(Q_0)]\,\mathrm{d}S_Q\,.\end{aligned}$$

Das erste Integral hat einen Grenzwert für $P \to Q_0$, das zweite Integral ist der direkte Wert des Potentials Das fünfte Integral wird zerlegt in

$$\int_{S(Q_0,\delta)} K(P,Q)\,[f(Q)-f(Q_0)]\,\mathrm{d}S_Q = \alpha(P,\delta) + \beta(P,\delta)\,,$$

wobei $\{\alpha(Q_0,\delta)\}^{\pm} = \pm\,\alpha_0(Q_0)$ explizit angebbar ist und von δ unabhängig ist und $\lim\limits_{\delta\to 0}\beta(P,\delta) = 0$ ist, unabhängig von der Lage von P auf der Normalen. Da das dritte Integral für $P \to Q_0$ gegen Null konvergiert und das 4. Integral für $\delta \to 0$ gegen Null konvergiert (Existenz des CAUCHYschen Hauptwertes), hat die Sprungrelation die Gestalt

$$\left\{\int_S K(Q_0,Q)f(Q)\,\mathrm{d}S_Q\right\}^{\pm} = \left[\left\{\int_S K(Q_0,Q)\,\mathrm{d}S_Q\right\}^{\pm} - \int_S K(Q_0,Q)\,\mathrm{d}S_Q\right]f(Q_0) \pm \alpha_0(Q_0) + \int_S K(Q_0,Q)f(Q)\,\mathrm{d}S_Q\,.$$

Um die Abschätzungen bequem durchführen zu können, betrachten wir in $Q_0 = (\mathring{\xi}_1, \mathring{\xi}_2, \mathring{\xi}_3)$ ein lokales $y_1y_2y_3$-Koordinatensystem, dessen y_3-Achse die Richtung der äußeren Normalen n_{Q_0} hat. Der Zusammenhang zwischen den alten und neuen Koordinaten ist gegeben durch

$$x_j = \mathring{\xi}_j + \sum_{l=1}^{3}\alpha_{jl}y_l\,,\qquad j = 1, 2, 3\,, \tag{4.32}$$

wobei (α_{jl}) eine orthogonale Matrix ist, $n_{Q_0} = (\alpha_{13}, \alpha_{23}, \alpha_{33})$. Der Punkt $P = (x_1, x_2, x_3)$ liegt auf der y_3-Achse und hat die lokalen Koordinaten $P = (0, 0, s)$, $s > 0$ für $P \in D^-$, $s < 0$ für $P \in D^+$. Ein Punkt $Q = (\xi_1, \xi_2, \xi_3) \in S(Q_0, \delta)$ hat die lokalen Koordinaten $Q = (y_1, y_2, y_3 = \Phi(y_1, y_2))$. Führen wir in der y_1y_2-Ebene Polarkoordinaten ϱ, θ ein, dann gilt

$$r_{PQ} = \sqrt{\varrho^2 + (s-\Phi)^2}\,,\qquad r_{PQ} \geqq \varrho\,. \tag{4.33}$$

Unter den Voraussetzungen $S \subset \Lambda_3$, $f \subset C^{1,\beta}(S)$ hat man die Abschätzungen (vgl. [4], S. 42)

$$n_k(P) - n_k(Q) = n_k(Q_0) - n_k(Q) = O(\varrho)\,, \tag{4.34}$$

$$f(Q) - f(Q_0) = O(\varrho)\,, \tag{4.35}$$

$$f(Q) - f(Q_0) = y_1\mathring{f}_{,1} + y_2\mathring{f}_{,2} + O(\varrho^{1+\beta})\,, \tag{4.36}$$

$$\mathrm{d}S_Q = \varrho\,\mathrm{d}\varrho\,\mathrm{d}\theta + \left(\sqrt{1 + (\Phi_{,1})^2 + (\Phi_{,2})^2} - 1\right)\varrho\,\mathrm{d}\varrho\,\mathrm{d}\theta\,, \tag{4.37}$$

$$\sqrt{1 + (\Phi_{,1})^2 + (\Phi_{,2})^2} - 1 = O(\varrho^2)\,. \tag{4.38}$$

Die letzte gegenüber (3.80) in [4] schärfere Abschätzung folgt leicht aus

$$\begin{aligned}\Phi_{,1} &= \mathring{\Phi}_{,11}y_1 + \mathring{\Phi}_{,12}y_2 + \varrho^2\omega\,,\\ \Phi_{,2} &= \mathring{\Phi}_{,21}y_1 + \mathring{\Phi}_{,22}y_2 + \varrho^2\omega\end{aligned}$$

(vgl. [4], (3.51)). Die partielle Ableitung nach y_i kennzeichnen wir mit $_{,i}$, ist die Ableitung an der Stelle $(y_1, y_2) = (0, 0)$ zu nehmen, setzen wir $^\circ$ darüber.

Es ist jetzt nötig, einige Kerne zu berechnen. Es ist (vgl. [4], (3.43))

$$\begin{aligned}
&(\mathcal{T}(\boldsymbol{n}_P)\overset{\varkappa}{\mathcal{T}}(\boldsymbol{n}_Q)\,\Gamma(P,Q))_{kj}\\
&= \mu\delta_{kj}\frac{\partial^2}{\partial n_P\,\partial n_Q}\frac{1}{r_{PQ}}+\frac{\mu(\varkappa-\lambda-\mu)}{\lambda+2\mu}\left[\left(\frac{\delta_{kj}}{r_{PQ}^3}-\frac{3(x_k-\xi_k)(x_j-\xi_j)}{r_{PQ}^5}\right)\boldsymbol{n}_P\cdot\boldsymbol{n}_Q-\frac{2n_k(P)\,n_j(Q)}{r_{PQ}^3}\right]\\
&+\frac{\mu(\mu+\varkappa)}{\lambda+2\mu}\,\frac{n_j(P)\,n_k(Q)-n_j(Q)\,n_k(P)}{r_{PQ}^3}+\frac{3\mu(\lambda+\mu-\varkappa)}{\lambda+2\mu}\,\frac{n_k(Q)\,(x_j-\xi_j)\sum\limits_{l=1}^{3}(x_l-\xi_l)\,n_l(P)}{r_{PQ}^5}\\
&+\frac{3\mu(\mu+\varkappa)}{\lambda+2\mu}\,\frac{n_k(P)\,(x_j-\xi_j)\sum\limits_{l=1}^{3}(x_l-\xi_l)\,n_l(Q)}{r_{PQ}^5}\\
&+3\,\frac{\varkappa(\lambda+3\mu)-\mu(\lambda+\mu)}{\lambda+2\mu}\,\frac{n_j(Q)\,(x_k-\xi_k)\sum\limits_{l=1}^{3}(x_l-\xi_l)\,n_l(P)}{r_{PQ}^5}\\
&+3\,\frac{\varkappa(\lambda+\mu)-\mu^2}{\lambda+2\mu}\,\frac{n_j(P)\,(x_k-\xi_k)\sum\limits_{l=1}^{3}(x_l-\xi_l)\,n_l(Q)}{r_{PQ}^5}\\
&+\frac{3(\lambda+\mu)(\mu+\varkappa)}{\lambda+2\mu}\left[\delta_{kj}-\frac{5(x_k-\xi_k)(x_j-\xi_j)}{r_{PQ}^2}\right]\frac{\sum\limits_{l=1}^{3}(x_l-\xi_l)\,n_l(P)\sum\limits_{l=1}^{3}(x_l-\xi_l)\,n_l(Q)}{r_{PQ}^5}
\end{aligned}\tag{4.39}$$

mit

$$\frac{\partial^2}{\partial n_P\,\partial n_Q}\frac{1}{r_{PQ}}=\frac{1}{r_{PQ}^3}\,\boldsymbol{n}_P\cdot\boldsymbol{n}_Q-3\,\frac{\sum\limits_{l=1}^{3}(x_l-\xi_l)\,n_l(P)\sum\limits_{l=1}^{3}(x_l-\xi_l)\,n_l(Q)}{r_{PQ}^5}.$$

Weiter ist

$$\begin{aligned}
&(\mathcal{T}^{\boldsymbol{n}}(\boldsymbol{n}_P)\overset{\varkappa}{\mathcal{T}^{\boldsymbol{n}}}(\boldsymbol{n}_Q)\,\Gamma(P,Q))_{kj}=\\
&=\sum_{r,s=1}^{3}n_k(P)\,n_r(P)\,n_j(Q)\,n_s(Q)\,(\mathcal{T}(\boldsymbol{n}_P)\overset{\varkappa}{\mathcal{T}}(\boldsymbol{n}_Q)\,\Gamma(P,Q))_{rs}\\
&=\frac{2\mu(\mu+\varkappa)}{\lambda+2\mu}\,\frac{n_k(P)\,n_j(Q)\,(\boldsymbol{n}_P\cdot\boldsymbol{n}_Q)^2}{r_{PQ}^3}+\frac{\mu(\mu+2\lambda-3\varkappa)}{\lambda+2\mu}\,\frac{n_k(P)\,n_j(Q)}{r_{PQ}^3}\\
&+3\,\frac{\varkappa(\lambda+3\mu)-\mu(\lambda+\mu)}{\lambda+2\mu}\,\frac{n_k(P)\,n_j(Q)\left[\sum\limits_{l=1}^{3}(x_l-\xi_l)\,n_l(P)\right]^2}{r_{PQ}^5}\\
&+\frac{3\mu(\mu+\varkappa)}{\lambda+2\mu}\,\frac{n_k(P)\,n_j(Q)\left[\sum\limits_{l=1}^{3}(x_l-\xi_l)\,n_l(Q)\right]^2}{r_{PQ}^5}\\
&+\frac{6\lambda(\mu+\varkappa)}{\lambda+2\mu}\,\frac{n_k(P)\,n_j(Q)\,\boldsymbol{n}_P\cdot\boldsymbol{n}_Q\sum\limits_{l=1}^{3}(x_l-\xi_l)\,n_l(P)\sum\limits_{l=1}^{3}(x_l-\xi_l)\,n_l(Q)}{r_{PQ}^5}\\
&-\frac{15(\lambda+\mu)(\mu+\varkappa)}{\lambda+2\mu}\,\frac{n_k(P)\,n_j(Q)\left[\sum\limits_{l=1}^{3}(x_l-\xi_l)\,n_l(P)\right]^2\left[\sum\limits_{l=1}^{3}(x_l-\xi_l)\,n_l(Q)\right]^2}{r_{PQ}^7}.
\end{aligned}\tag{4.40}$$

Weiter ist

$$
\begin{aligned}
&\left(\mathcal{T}^{n}(\boldsymbol{n}_P)\,\overset{\varkappa}{\mathcal{T}}{}^{t}(\boldsymbol{n}_Q)\,\Gamma(P,Q)\right)_{kj} = \\
&= \sum_{r=1}^{3} n_k(P)\,n_r(P)\left(\mathcal{T}(\boldsymbol{n}_P)\,\overset{\varkappa}{\mathcal{T}}(\boldsymbol{n}_Q)\,\Gamma(P,Q)\right)_{rj} - \left(\mathcal{T}^{n}(\boldsymbol{n}_P)\,\overset{\varkappa}{\mathcal{T}}{}^{n}(\boldsymbol{n}_Q)\,\Gamma(P,Q)\right)_{kj} \\
&= \frac{2\mu(\mu+\varkappa)}{\lambda+2\mu}\,\frac{n_k(P)\,n_j(P)\,\boldsymbol{n}_P\cdot\boldsymbol{n}_Q}{r_{PQ}^{3}} - \frac{2\mu(\mu+\varkappa)}{\lambda+2\mu}\,\frac{n_k(P)\,n_j(Q)\,(\boldsymbol{n}_P\cdot\boldsymbol{n}_Q)^2}{r_{PQ}^{3}} \\
&\quad + 6\,\frac{\varkappa(\lambda+\mu)-\mu^2}{\lambda+2\mu}\,\frac{n_k(P)\,n_j(P)\sum\limits_{l=1}^{3}(x_l-\xi_l)\,n_l(P)\sum\limits_{l=1}^{3}(x_l-\xi_l)\,n_l(Q)}{r_{PQ}^{5}} \\
&\quad + \frac{6\mu(\lambda+\mu-\varkappa)}{\lambda+2\mu}\,\frac{n_k(P)\,(x_j-\xi_j)\,\boldsymbol{n}_P\cdot\boldsymbol{n}_Q\sum\limits_{l=1}^{3}(x_l-\xi_l)\,n_l(P)}{r_{PQ}^{5}} \\
&\quad + \frac{3\mu(\mu+\varkappa)}{\lambda+2\mu}\,\frac{n_k(P)\,(x_j-\xi_j)\sum\limits_{l=1}^{3}(x_l-\xi_l)\,n_l(Q)}{r_{PQ}^{5}} - \frac{3\mu(\mu+\varkappa)}{\lambda+2\mu}\,\frac{n_k(P)\,n_j(Q)\left[\sum\limits_{l=1}^{3}(x_l-\xi_l)\,n_l(Q)\right]^2}{r_{PQ}^{5}} \\
&\quad - \frac{6\lambda(\mu+\varkappa)}{\lambda+2\mu}\,\frac{n_k(P)\,n_j(Q)\,\boldsymbol{n}_P\cdot\boldsymbol{n}_Q\sum\limits_{l=1}^{3}(x_l-\xi_l)\,n_l(P)\sum\limits_{l=1}^{3}(x_l-\xi_l)\,n_l(Q)}{r_{PQ}^{5}} \\
&\quad - \frac{15(\lambda+\mu)(\mu+\varkappa)}{\lambda+2\mu}\,\frac{n_k(P)\,(x_j-\xi_j)\left[\sum\limits_{l=1}^{3}(x_l-\xi_l)\,n_l(P)\right]^2\sum\limits_{l=1}^{3}(x_l-\xi_l)\,n_l(Q)}{r_{PQ}^{7}} \\
&\quad + \frac{15(\lambda+\mu)(\mu+\varkappa)}{\lambda+2\mu}\,\frac{n_k(P)\,n_j(Q)\left[\sum\limits_{l=1}^{3}(x_l-\xi_l)\,n_l(P)\right]^2\left[\sum\limits_{l=1}^{3}(x_l-\xi_l)\,n_l(Q)\right]^2}{r_{PQ}^{7}}\,.
\end{aligned}
\tag{4.41}
$$

Weiter ist

$$
\begin{aligned}
&\left(\mathcal{T}^{t}(\boldsymbol{n}_P)\,\overset{\varkappa}{\mathcal{T}}{}^{n}(\boldsymbol{n}_Q)\,\Gamma(P,Q)\right)_{kj} = \\
&= \sum_{s=1}^{3} n_j(Q)\,n_s(Q)\left(\mathcal{T}(\boldsymbol{n}_P)\,\overset{\varkappa}{\mathcal{T}}(\boldsymbol{n}_Q)\,\Gamma(P,Q)\right)_{ks} - \left(\mathcal{T}^{n}(\boldsymbol{n}_P)\,\overset{\varkappa}{\mathcal{T}}{}^{n}(\boldsymbol{n}_Q)\,\Gamma(P,Q)\right)_{kj} \\
&= \frac{2\mu(\mu+\varkappa)}{\lambda+2\mu}\,\frac{n_k(Q)\,n_j(Q)\,\boldsymbol{n}_P\cdot\boldsymbol{n}_Q}{r_{PQ}^{3}} - \frac{2\mu(\mu+\varkappa)}{\lambda+2\mu}\,\frac{n_k(P)\,n_j(Q)\,(\boldsymbol{n}_P\cdot\boldsymbol{n}_Q)^2}{r_{PQ}^{3}} \\
&\quad + \frac{3\lambda(\mu+\varkappa)}{\lambda+2\mu}\,\frac{n_k(Q)\,n_j(Q)\sum\limits_{l=1}^{3}(x_l-\xi_l)\,n_l(P)\sum\limits_{l=1}^{3}(x_l-\xi_l)\,n_l(Q)}{r_{PQ}^{5}} \\
&\quad + \frac{3\lambda(\mu+\varkappa)}{\lambda+2\mu}\,\frac{n_j(Q)\,(x_k-\xi_k)\,\boldsymbol{n}_P\cdot\boldsymbol{n}_Q\sum\limits_{l=1}^{3}(x_l-\xi_l)\,n_l(Q)}{r_{PQ}^{5}} \\
&\quad + 3\,\frac{\varkappa(\lambda+3\mu)-\mu(\lambda+\mu)}{\lambda+2\mu}\,\frac{n_j(Q)\,(x_k-\xi_k)\sum\limits_{l=1}^{3}(x_l-\xi_l)\,n_l(P)}{r_{PQ}^{5}} \\
&\quad - 3\,\frac{\varkappa(\lambda+3\mu)-\mu(\lambda+\mu)}{\lambda+2\mu}\,\frac{n_k(P)\,n_j(Q)\left[\sum\limits_{l=1}^{3}(x_l-\xi_l)\,n_l(P)\right]^2}{r_{PQ}^{5}}
\end{aligned}
$$

$$- \frac{6\lambda(\mu + \varkappa)}{\lambda + 2\mu} \frac{n_k(P)\, n_j(Q)\, \boldsymbol{n}_P \cdot \boldsymbol{n}_Q \sum_{l=1}^{3} (x_l - \xi_l)\, n_l(P) \sum_{l=1}^{3} (x_l - \xi_l)\, n_l(Q)}{r_{PQ}^5}$$

$$- \frac{15(\lambda + \mu)(\mu + \varkappa)}{\lambda + 2\mu} \frac{n_j(Q)\,(x_k - \xi_k) \sum_{l=1}^{3} (x_l - \xi_l)\, n_l(P) \left[\sum_{l=1}^{3} (x_l - \xi_l)\, n_l(Q)\right]^2}{r_{PQ}^7}$$

$$+ \frac{15(\lambda + \mu)(\mu + \varkappa)}{\lambda + 2\mu} \frac{n_k(P)\, n_j(Q) \left[\sum_{l=1}^{3} (x_l - \xi_l)\, n_l(P)\right]^2 \left[\sum_{l=1}^{3} (x_l - \xi_l)\, n_l(Q)\right]^2}{r_{PQ}^7}. \tag{4.42}$$

Es läßt sich aus (4.39)—(4.42) auch leicht

$$\mathcal{T}^t(\boldsymbol{n}_P)\, \overset{\varkappa}{\mathcal{T}^t}(\boldsymbol{n}_Q)\, \Gamma(P, Q) = \mathcal{T}(\boldsymbol{n}_P)\, \overset{\varkappa}{\mathcal{T}}(\boldsymbol{n}_Q)\, \Gamma(P, Q) - \mathcal{T}^n(\boldsymbol{n}_P)\, \overset{\varkappa}{\mathcal{T}^n}(\boldsymbol{n}_Q)\, \Gamma(P, Q)$$

$$- \mathcal{T}^n(\boldsymbol{n}_P)\, \overset{\varkappa}{\mathcal{T}^t}(\boldsymbol{n}_Q)\, \Gamma(P, Q) - \mathcal{T}^t(\boldsymbol{n}_P)\, \overset{\varkappa}{\mathcal{T}^n}(\boldsymbol{n}_Q)\, \Gamma(P, Q)$$

berechnen.

Später wird die Sprungrelation für das Potential

$$\mathcal{T}^t(\boldsymbol{n}_P)\, \overset{\varkappa}{\boldsymbol{W}^n}(P, f\boldsymbol{n}) = \frac{1}{2\pi} \int_S \mathcal{T}^t(\boldsymbol{n}_P)\, \overset{\varkappa}{\mathcal{T}^n}(\boldsymbol{n}_Q)\, \Gamma(P, Q)\, \boldsymbol{n}_Q f(Q)\, \mathrm{d}S_Q \tag{4.43}$$

benötigt. Aus (4.42) folgt für die k-te Komponente

$$\mathcal{T}^t(\boldsymbol{n}_P)\, \overset{\varkappa}{\mathcal{T}^n}(\boldsymbol{n}_Q)\, \Gamma(P, Q)\, \boldsymbol{n}_Q \cdot \boldsymbol{e}_k =$$

$$= \frac{2\mu(\mu + \varkappa)}{\lambda + 2\mu} \frac{\boldsymbol{n}_P \cdot \boldsymbol{n}_Q\big(n_k(Q) - n_k(P)\, \boldsymbol{n}_P \cdot \boldsymbol{n}_Q\big)}{r_{PQ}^3} + \frac{3\lambda(\mu + \varkappa)}{\lambda + 2\mu} \frac{\boldsymbol{n}_P \cdot \boldsymbol{n}_Q (x_k - \xi_k) \sum_{l=1}^{3} (x_l - \xi_l)\, n_l(Q)}{r_{PQ}^5}$$

$$+ \frac{3\lambda(\mu + \varkappa)}{\lambda + 2\mu} \frac{n_k(Q) \sum_{l=1}^{3} (x_l - \xi_l)\, n_l(P) \sum_{l=1}^{3} (x_l - \xi_l)\, n_l(Q)}{r_{PQ}^5}$$

$$- \frac{6\lambda(\mu + \varkappa)}{\lambda + 2\mu} \frac{n_k(P)\, \boldsymbol{n}_P \cdot \boldsymbol{n}_Q \sum_{l=1}^{3} (x_l - \xi_l)\, n_l(P) \sum_{l=1}^{3} (x_l - \xi_l)\, n_l(Q)}{r_{PQ}^5}$$

$$+ 3\, \frac{\varkappa(\lambda + 3\mu) - \mu(\lambda + \mu)}{\lambda + 2\mu} \frac{(x_k - \xi_k) \sum_{l=1}^{3} (x_l - \xi_l)\, n_l(P)}{r_{PQ}^5}$$

$$- 3\, \frac{\varkappa(\lambda + 3\mu) - \mu(\lambda + \mu)}{\lambda + 2\mu} \frac{n_k(P) \left[\sum_{l=1}^{3} (x_l - \xi_l)\, n_l(P)\right]^2}{r_{PQ}^5}$$

$$- \frac{15(\lambda + \mu)(\mu + \varkappa)}{\lambda + 2\mu} \frac{(x_k - \xi_k) \sum_{l=1}^{3} (x_l - \xi_l)\, n_l(P) \left[\sum_{l=1}^{3} (x_l - \xi_l)\, n_l(Q)\right]^2}{r_{PQ}^7}$$

$$+ \frac{15(\lambda + \mu)(\mu + \varkappa)}{\lambda + 2\mu} \frac{n_k(P) \left[\sum_{l=1}^{3} (x_l - \xi_l)\, n_l(P)\right]^2 \left[\sum_{l=1}^{3} (x_l - \xi_l)\, n_l(Q)\right]^2}{r_{PQ}^7}. \tag{4.44}$$

Ganz analog wie in [4], S. 34—39, zeigt man, daß unter der Voraussetzung $S \subset \Lambda_3$ der Kern $\mathcal{T}^t(\boldsymbol{n}_{Q_0}) \overset{\varkappa}{\mathcal{T}^n}(\boldsymbol{n}_Q)\, \Gamma(Q_0, Q)\, \boldsymbol{n}_Q \cdot \boldsymbol{e}_k$ ($\boldsymbol{n}_{Q_0}, \boldsymbol{n}_Q$ äußere Normalen an S in $Q_0, Q \in S$) zur Klasse $\overset{*}{G}(2, \alpha, \alpha)$ (vgl. [4], Def. 1.9) gehört mit jedem beliebigen $0 < \alpha \leq \frac{1}{2}$. Es existiert also der direkte Wert des Potentials

$$\mathcal{T}^t(\boldsymbol{n}_{Q_0}) \overset{\varkappa}{\boldsymbol{W}^n}(Q_0, f\boldsymbol{n}) := \frac{1}{2\pi} \int\limits_S \mathcal{T}^t(\boldsymbol{n}_{Q_0}) \overset{\varkappa}{\mathcal{T}^n}(\boldsymbol{n}_Q)\, \Gamma(Q_0, Q)\, \boldsymbol{n}_Q f(Q)\, \mathrm{d}S_Q \tag{4.45}$$

und ist auf S H-stetig, wenn $f(Q)$ H-stetig ist (vgl. [4], Satz 1.2). Zum Beweis der Sprungrelation für das Potential (4.43) betrachten wir die einzelnen Summanden von (4.44). Unter Beachtung von (4.34)—(4.38) erhält man folgende Abschätzungen:

$$\int\limits_{S(Q_0,\delta)} \frac{\boldsymbol{n}_{Q_0} \cdot \boldsymbol{n}_Q \big(n_k(Q) - n_k(Q_0)\, \boldsymbol{n}_{Q_0} \cdot \boldsymbol{n}_Q\big)}{r_{PQ}^3} \big(f(Q) - f(Q_0)\big)\, \mathrm{d}S_Q = O(\delta)\,,$$

$$\left\{ \int\limits_{S(Q_0,\delta)} \frac{\boldsymbol{n}_{Q_0} \cdot \boldsymbol{n}_Q (x_k - \xi_k) \sum\limits_{l=1}^{3} (x_l - \xi_l)\, n_l(Q)}{r_{PQ}^5} \big(f(Q) - f(Q_0)\big)\, \mathrm{d}S_Q \right\}^{\pm} = \pm\, \frac{2}{3}\, \pi [\alpha_{k1} \mathring{f}_{,1} + \alpha_{k2} \mathring{f}_{,2}] + O(\delta^\beta)$$

(vgl. [4], S. 47),

$$\int\limits_{S(Q_0,\delta)} \frac{n_k(Q) \sum\limits_{l=1}^{3} (x_l - \xi_l)\, n_l(Q_0) \sum\limits_{l=1}^{3} (x_l - \xi_l)\, n_l(Q)}{r_{PQ}^5} \big(f(Q) - f(Q_0)\big)\, \mathrm{d}S_Q = O(\delta^\beta)$$

(vgl. [4], S. 43 + 44),

$$\int\limits_{S(Q_0,\delta)} \frac{n_k(Q_0)\, \boldsymbol{n}_{Q_0} \cdot \boldsymbol{n}_Q \sum\limits_{l=1}^{3} (x_l - \xi_l)\, n_l(Q_0) \sum\limits_{l=1}^{3} (x_l - \xi_l)\, n_l(Q)}{r_{PQ}^5} \big(f(Q) - f(Q_0)\big)\, \mathrm{d}S_Q = O(\delta^\beta)\,,$$

$$\left\{ \int\limits_{S(Q_0,\delta)} \frac{(x_k - \xi_k) \sum\limits_{l=1}^{3} (x_l - \xi_l)\, n_l(Q_0)}{r_{PQ}^5} \big(f(Q) - f(Q_0)\big)\, \mathrm{d}S_Q \right\}^{\pm} = \pm\, \frac{2}{3}\, \pi\, [\alpha_{k1} \mathring{f}_{,1} + \alpha_{k2} \mathring{f}_{,2}] + O(\delta^\beta)\,,$$

$$\int\limits_{S(Q_0,\delta)} \frac{n_k(Q_0) \left[\sum\limits_{l=1}^{3} (x_l - \xi_l)\, n_l(Q_0) \right]^2}{r_{PQ}^5} \big(f(Q) - f(Q_0)\big)\, \mathrm{d}S_Q = O(\delta^\beta)\,,$$

$$\left\{ \int\limits_{S(Q_0,\delta)} \frac{(x_k - \xi_k) \sum\limits_{l=1}^{3} (x_l - \xi_l)\, n_l(Q_0) \left[\sum\limits_{l=1}^{3} (x_l - \xi_l)\, n_l(Q) \right]^2}{r_{PQ}^7} \big(f(Q) - f(Q_0)\big)\, \mathrm{d}S_Q \right\}^{\pm}$$

$$= \pm\, \frac{2}{15}\, \pi\, [\alpha_{k1} \mathring{f}_{,1} + \alpha_{k2} \mathring{f}_{,2}] + O(\delta^\beta)\,,$$

$$\int\limits_{S(Q_0,\delta)} \frac{n_k(Q_0) \left[\sum\limits_{l=1}^{3} (x_l - \xi_l)\, n_l(Q_0) \right]^2 \left[\sum\limits_{l=1}^{3} (x_l - \xi_l)\, n_l(Q) \right]^2}{r_{PQ}^7} \big(f(Q) - f(Q_0)\big)\, \mathrm{d}S_Q$$

$$= \int\limits_0^{2\pi} \int\limits_0^{\delta} \frac{\alpha_{k3} (s - \Phi)^4}{\sqrt{\varrho^2 + (s - \Phi)^2}^{\,7}} [y_1 \mathring{f}_{,1} + y_2 \mathring{f}_{,2}]\, \varrho\, \mathrm{d}\varrho\, \mathrm{d}\theta + O(\delta^\beta)$$

$$= \int\limits_0^{2\pi} \int\limits_0^{\delta} \frac{\alpha_{k3} s^4}{\sqrt{\varrho^2 + s^2}^{\,7}} [y_1 \mathring{f}_{,1} + y_2 \mathring{f}_{,2}]\, \varrho\, \mathrm{d}\varrho\, \mathrm{d}\theta + O(\delta^\beta) = O(\delta^\beta)\,.$$

Fassen wir zusammen, dann erhalten wir den

Satz 4.6: *Sei $S \subset \Lambda_3$, $f \subset C^{1,\beta}(S)$, dann gilt*

$$\begin{aligned} \{\mathcal{T}^t(\boldsymbol{n}_{Q_0}) \overset{\varkappa}{\boldsymbol{W}}{}^n(Q_0, f\boldsymbol{n})\}^\pm \cdot \boldsymbol{e}_k &= [\{\mathcal{T}^t(\boldsymbol{n}_{Q_0}) \overset{\varkappa}{\boldsymbol{W}}{}^n(Q_0, \boldsymbol{n})\}^\pm - \mathcal{T}^t(\boldsymbol{n}_{Q_0}) \overset{\varkappa}{\boldsymbol{W}}{}^n(Q_0, \boldsymbol{n})] \cdot \boldsymbol{e}_k f(Q_0) \\ &\quad \pm (\varkappa - \mu)(\alpha_{k1}\mathring{f}_{,1} + \alpha_{k2}\mathring{f}_{,2}) + \mathcal{T}^t(\boldsymbol{n}_{Q_0}) \overset{\varkappa}{\boldsymbol{W}}{}^n(Q_0, f\boldsymbol{n}) \cdot \boldsymbol{e}_k\,, \end{aligned} \tag{4.46}$$

$$\{\mathcal{T}^t(\boldsymbol{n}_{Q_0}) \overset{\varkappa}{\boldsymbol{W}}{}^n(Q_0, \boldsymbol{n})\}^\pm \subset C^{0,\gamma}(S) \qquad (0 < \gamma < 1)\,,$$

$$\mathcal{T}^t(\boldsymbol{n}_{Q_0}) \overset{\varkappa}{\boldsymbol{W}}{}^n(Q_0, \boldsymbol{n}) \subset C^{0,\delta}(S) \qquad (0 < \delta < \tfrac{1}{2})\,,$$

$$\mathcal{T}^t(\boldsymbol{n}_{Q_0}) \overset{\varkappa}{\boldsymbol{W}}{}^n(Q_0, f\boldsymbol{n}) \cdot \boldsymbol{e}_k \subset C^{0,\eta}(S) \qquad (\eta < \tfrac{1}{2}\,,\ \eta \leqq \beta)\,.$$

Wir beweisen jetzt die Sprungrelation für das Potential

$$\begin{aligned} \boldsymbol{n}_P \cdot \mathcal{T}(\boldsymbol{n}_P) \overset{\varkappa}{\boldsymbol{W}}{}^t(P, \varphi_k \boldsymbol{e}_k) &= \frac{1}{2\pi} \int_S \boldsymbol{n}_P \cdot \mathcal{T}(\boldsymbol{n}_P) \overset{\varkappa}{\mathcal{T}}{}^t(\boldsymbol{n}_Q)\, \Gamma(P, Q)\, \boldsymbol{e}_k \varphi_k(Q)\, \mathrm{d}S_Q\,, \\ &= \frac{1}{2\pi} \int_S \boldsymbol{n}_P \cdot \mathcal{T}^n(\boldsymbol{n}_P) \overset{\varkappa}{\mathcal{T}}{}^t(\boldsymbol{n}_Q)\, \Gamma(P, Q)\, \boldsymbol{e}_k \varphi_k(Q)\, \mathrm{d}S_Q\,. \end{aligned} \tag{4.47}$$

Aus (4.41) folgt

$$\begin{aligned} &\boldsymbol{n}_P \cdot \mathcal{T}^n(\boldsymbol{n}_P) \overset{\varkappa}{\mathcal{T}}{}^t(\boldsymbol{n}_Q)\, \Gamma(P, Q)\, \boldsymbol{e}_k = \\ &= \frac{2\mu(\mu + \varkappa)}{\lambda + 2\mu} \frac{\boldsymbol{n}_P \cdot \boldsymbol{n}_Q \big(n_k(P) - n_k(Q)\, \boldsymbol{n}_P \cdot \boldsymbol{n}_Q\big)}{r_{PQ}^3} + \frac{6\mu(\lambda + \mu - \varkappa)}{\lambda + 2\mu} \frac{\boldsymbol{n}_P \cdot \boldsymbol{n}_Q (x_k - \xi_k) \sum_{l=1}^3 (x_l - \xi_l)\, n_l(P)}{r_{PQ}^5} \\ &\quad + 6\, \frac{\varkappa(\lambda + \mu) - \mu^2}{\lambda + 2\mu} \frac{n_k(P) \sum_{l=1}^3 (x_l - \xi_l)\, n_l(P) \sum_{l=1}^3 (x_l - \xi_l)\, n_l(Q)}{r_{PQ}^5} \\ &\quad - \frac{6\lambda(\mu + \varkappa)}{\lambda + 2\mu} \frac{n_k(Q)\, \boldsymbol{n}_P \cdot \boldsymbol{n}_Q \sum_{l=1}^3 (x_l - \xi_l)\, n_l(P) \sum_{l=1}^3 (x_l - \xi_l)\, n(Q)}{r_{PQ}^5} \\ &\quad + \frac{3\mu(\mu + \varkappa)}{\lambda + 2\mu} \frac{(x_k - \xi_k) \sum_{l=1}^3 (x_l - \xi_l)\, n_l(Q)}{r_{PQ}^5} - \frac{3\mu(\mu + \varkappa)}{\lambda + 2\mu} \frac{n_k(Q) \left[\sum_{l=1}^3 (x_l - \xi_l)\, n_l(Q)\right]^2}{r_{PQ}^5} \\ &\quad - \frac{15(\lambda + \mu)(\mu + \varkappa)}{\lambda + 2\mu} \frac{(x_k - \xi_k) \left[\sum_{l=1}^3 (x_l - \xi_l)\, n_l(P)\right]^2 \sum_{l=1}^3 (x_l - \xi_l)\, n_l(Q)}{r_{PQ}^7} \\ &\quad + \frac{15(\lambda + \mu)(\mu + \varkappa)}{\lambda + 2\mu} \frac{n_k(Q) \left[\sum_{l=1}^3 (x_l - \xi_l)\, n_l(P)\right]^2 \left[\sum_{l=1}^3 (x_l - \xi_l)\, n_l(Q)\right]^2}{r_{PQ}^7}\,. \end{aligned} \tag{4.48}$$

Dieselben Überlegungen wie beim Beweis von (4.46) führen zum

Satz 4.7: *Sei $S \subset \Lambda_3$, $\varphi_k \subset C^{1,\beta}(S)$, dann gilt*

$$\begin{aligned} \{\boldsymbol{n}_{Q_0} \cdot \mathcal{T}(\boldsymbol{n}_{Q_0}) \overset{\varkappa}{\boldsymbol{W}}{}^t(Q_0, \varphi_k \boldsymbol{e}_k)\}^\pm &= [\{\boldsymbol{n}_{Q_0} \cdot \mathcal{T}(\boldsymbol{n}_{Q_0}) \overset{\varkappa}{\boldsymbol{W}}{}^t(Q_0, \boldsymbol{e}_k)\}^\pm - \boldsymbol{n}_{Q_0} \cdot \mathcal{T}(\boldsymbol{n}_{Q_0}) \overset{\varkappa}{\boldsymbol{W}}{}^t(Q_0, \boldsymbol{e}_k)]\, \varphi_k(Q_0) \\ &\quad \pm (\mu - \varkappa)(\alpha_{k1}\mathring{\varphi}_{k,1} + \alpha_{k2}\mathring{\varphi}_{k,2}) + \boldsymbol{n}_{Q_0} \cdot \mathcal{T}(\boldsymbol{n}_{Q_0}) \overset{\varkappa}{\boldsymbol{W}}{}^t(Q_0, \varphi_k \boldsymbol{e}_k)\,, \end{aligned} \tag{4.49}$$

$$\{\boldsymbol{n}_{Q_0} \cdot \mathcal{T}(\boldsymbol{n}_{Q_0}) \overset{\varkappa}{\boldsymbol{W}}{}^t(Q_0, \boldsymbol{e}_k)\}^\pm \subset C^{0,\gamma}(S) \qquad (0 < \gamma < 1)\,,$$

$$\boldsymbol{n}_{Q_0} \cdot \mathcal{T}(\boldsymbol{n}_{Q_0}) \overset{\varkappa}{\boldsymbol{W}}{}^t(Q_0, \boldsymbol{e}_k) \subset C^{0,\delta}(S) \qquad (0 < \delta < \tfrac{1}{2})\,,$$

$$\boldsymbol{n}_{Q_0} \cdot \mathcal{T}(\boldsymbol{n}_{Q_0}) \overset{\varkappa}{\boldsymbol{W}}{}^t(Q_0, \varphi_k \boldsymbol{e}_k) \subset C^{0,\eta}(S) \qquad (\eta < \tfrac{1}{2}\,,\ \eta \leqq \beta)\,.$$

Hier haben wir wieder zur Abkürzung für den direkten Wert des Potentials gesetzt

$$\boldsymbol{n}_{Q_0} \cdot \mathcal{T}(\boldsymbol{n}_{Q_0}) \overset{\varkappa}{\boldsymbol{W}}{}^t(Q_0, \varphi_k \boldsymbol{e}_k) = \frac{1}{2\pi} \int\limits_S \boldsymbol{n}_{Q_0} \cdot \mathcal{T}(\boldsymbol{n}_{Q_0}) \overset{\varkappa}{\mathcal{T}}{}^t(\boldsymbol{n}_Q)\, \Gamma(Q_0, Q)\, \boldsymbol{e}_k \varphi_k(Q)\, dS_Q .$$

Jetzt betrachten wir das Potential

$$\boldsymbol{n}_P \cdot \mathcal{T}(\boldsymbol{n}_P) \overset{\varkappa}{\boldsymbol{W}}{}^n(P, f\boldsymbol{n}) = \frac{1}{2\pi} \int\limits_S \boldsymbol{n}_P \cdot \mathcal{T}(\boldsymbol{n}_P) \overset{\varkappa}{\mathcal{T}}{}^n(\boldsymbol{n}_Q)\, \Gamma(P, Q)\, \boldsymbol{n}_Q f(Q)\, dS_Q . \tag{4.50}$$

Es ist

$$\boldsymbol{n}_P \cdot \mathcal{T}(\boldsymbol{n}_P) \overset{\varkappa}{\mathcal{T}}{}^n(\boldsymbol{n}_Q)\, \Gamma(P, Q)\, \boldsymbol{n}_Q = \boldsymbol{n}_P \cdot \mathcal{T}^n(\boldsymbol{n}_P) \overset{\varkappa}{\mathcal{T}}{}^n(\boldsymbol{n}_Q)\, \Gamma(P, Q)\, \boldsymbol{n}_Q .$$

Aus (4.40) folgt

$$\boldsymbol{n}_P \cdot \mathcal{T}^n(\boldsymbol{n}_P) \overset{\varkappa}{\mathcal{T}}{}^n(\boldsymbol{n}_Q)\, \Gamma(P, Q)\, \boldsymbol{n}_Q = \frac{\mu(3\mu + 2\lambda - \varkappa)}{\lambda + 2\mu} \frac{\partial^2}{\partial n_P\, \partial n_Q} \frac{1}{r_{PQ}} + \overset{\varkappa}{l}(P, Q) \tag{4.51}$$

mit

$$\begin{aligned}
\overset{\varkappa}{l}(P, Q) = {} & \frac{2\mu(\mu + \varkappa)}{\lambda + 2\mu} \left[\frac{(\boldsymbol{n}_P \cdot \boldsymbol{n}_Q)^2}{r_{PQ}^3} - \frac{1}{r_{PQ}^3} \right] + \frac{\mu(3\mu + 2\lambda - \varkappa)}{\lambda + 2\mu} \left[\frac{1}{r_{PQ}^3} - \frac{\boldsymbol{n}_P \cdot \boldsymbol{n}_Q}{r_{PQ}^3} \right] \\
& + \frac{3\mu(3\mu + 2\lambda - \varkappa)}{\lambda + 2\mu} \frac{\sum\limits_{l=1}^{3} (x_l - \xi_l)\, n_l(P) \sum\limits_{l=1}^{3} (x_l - \xi_l)\, n_l(Q)}{r_{PQ}^5} \\
& + 3 \frac{\varkappa(\lambda + 3\mu) - \mu(\lambda + \mu)}{\lambda + 2\mu} \frac{\left[\sum\limits_{l=1}^{3} (x_l - \xi_l)\, n_l(P) \right]^2}{r_{PQ}^5} + \frac{3\mu(\mu + \varkappa)}{\lambda + 2\mu} \frac{\left[\sum\limits_{l=1}^{3} (x_l - \xi_l)\, n_l(Q) \right]^2}{r_{PQ}^5} \\
& + \frac{6\lambda(\mu + \varkappa)}{\lambda + 2\mu} \frac{\boldsymbol{n}_P \cdot \boldsymbol{n}_Q \sum\limits_{l=1}^{3} (x_l - \xi_l)\, n_l(P) \sum\limits_{l=1}^{3} (x_l - \xi_l)\, n_l(Q)}{r_{PQ}^5} \\
& - \frac{15(\lambda + \mu)(\mu + \varkappa)}{\lambda + 2\mu} \frac{\left[\sum\limits_{l=1}^{3} (x_l - \xi_l)\, n_l(P) \right]^2 \left[\sum\limits_{l=1}^{3} (x_l - \xi_l)\, n_l(Q) \right]^2}{r_{PQ}^7} .
\end{aligned}$$

Unter der Voraussetzung $S \subset \Lambda_3$ ist $\overset{\varkappa}{l}(Q_0, Q)$ ein Kern der Klasse $\overset{*}{G}(2, \alpha, \alpha)$ und wie oben zeigt man, falls $f(Q) \subset C^{1,\beta}(S)$, daß

$$\int\limits_{S(Q_0,\delta)} \overset{\varkappa}{l}(P, Q)\, \big(f(Q) - f(Q_0)\big)\, dS_Q = O(\delta^\beta) .$$

Damit hat man den

Satz 4.8: *Sei $S \subset \Lambda_3$, $f \subset C^{1,\beta}(S)$, dann gilt*

$$\begin{aligned}
\{\boldsymbol{n}_{Q_0} \cdot \mathcal{T}(\boldsymbol{n}_{Q_0}) \overset{\varkappa}{\boldsymbol{W}}{}^n(Q_0, f\boldsymbol{n})\}^\pm = {} & \frac{\mu(3\mu + 2\lambda - \varkappa)}{\lambda + 2\mu} \left\{ \frac{1}{2\pi} \int\limits_S \frac{\partial^2}{\partial n_{Q_0}\, \partial n_Q} \frac{1}{r_{Q_0 Q}} f(Q)\, dS_Q \right\}^\pm \\
+ \left[\left\{ \frac{1}{2\pi} \int\limits_S \overset{\varkappa}{l}(Q_0, Q)\, dS_Q \right\}^\pm - \frac{1}{2\pi} \int\limits_S \overset{\varkappa}{l}(Q_0, Q)\, dS_Q \right] & f(Q_0) + \frac{1}{2\pi} \int\limits_S \overset{\varkappa}{l}(Q_0, Q)\, f(Q)\, dS_Q ,
\end{aligned} \tag{4.52}$$

$$\left\{ \int\limits_S \overset{\varkappa}{l}(Q_0, Q)\, dS_Q \right\}^\pm \subset C^{0,\gamma}(S) \qquad (0 < \gamma < 1) ,$$

$$\int\limits_S \overset{\varkappa}{l}(Q_0, Q)\, dS_Q \subset C^{0,\delta}(S) \qquad (0 < \delta < \tfrac{1}{2}) ,$$

$$\int\limits_S \overset{\varkappa}{l}(Q_0, Q)\, f(Q)\, dS_Q \subset C^{0,\eta}(S) \qquad (\eta < \tfrac{1}{2},\ \eta \leqq \beta) .$$

Wir beweisen jetzt Sprungrelationen für Potentiale der Gestalt $\int_S (K(P, Q) - K(Q_0, Q))\, dS_Q$ und kommen somit bei den Sprungrelationen (4.46), (4.49), (4.52) zu genaueren Aussagen. Beim Beweis machen wir die Zerlegung

$$\int_S (K(P, Q) - K(Q_0, Q))\, dS_Q = \int_{S \setminus S(Q_0, \delta)} (K(P, Q) - K(Q_0, Q))\, dS_Q - \int_{S(Q_0, \delta)} K(Q_0, Q)\, dS_Q + \int_{S(Q_0, \delta)} K(P, Q)\, dS_Q .$$

Das erste Integral konvergiert gegen Null für $P \to Q_0$, das zweite Integral konvergiert gegen Null für $\delta \to 0$. Das dritte Integral erfordert eine genauere Untersuchung.

Die Komponenten des Normalenvektors n_Q im lokalen Koordinatensystem bezeichnen wir mit $\nu_1(Q)$, $\nu_2(Q)$, $\nu_3(Q)$, dann ist

$$\big(\nu_1(Q), \nu_2(Q), \nu_3(Q)\big) = \big(1 + (\Phi_{,1})^2 + (\Phi_{,2})^2\big)^{-1/2} (-\Phi_{,1}, -\Phi_{,2}, 1) \tag{4.53}$$

und

$$\big(\nu_1(Q_0), \nu_2(Q_0), \nu_3(Q_0)\big) = (\mathring{\nu}_1, \mathring{\nu}_2, \mathring{\nu}_3) = (0, 0, 1) .$$

Weiter benötigen wir (vgl. [4], (3.58))

$$\nu_j(Q) = y_1 \mathring{\nu}_{j,1} + y_2 \mathring{\nu}_{j,2} + O(\varrho^2) , \qquad j = 1, 2, \quad \nu_3(Q) - \nu_3(Q_0) = O(\varrho^2) , \tag{4.54}$$

$$\sum_{l=1}^{3} \mathring{\nu}_l \mathring{\nu}_{l,j} = \mathring{\nu}_{3,j} = 0 , \qquad j = 1, 2 , \tag{4.55}$$

$$\int_0^{2\pi} y_1^s y_2^t \, d\theta = 0 , \qquad \text{wenn } s + t \text{ ungerade} , \tag{4.56}$$

und (vgl. [4], (3.52))

$$\Phi = \tfrac{1}{2} y_1^2 \mathring{\Phi}_{,11} + y_1 y_2 \mathring{\Phi}_{,12} + \tfrac{1}{2} y_2^2 \mathring{\Phi}_{,22} + O(\varrho^3) . \tag{4.57}$$

Wir betrachten zuerst das Potential mit dem Kern $\mathcal{T}^t(n_P) \overset{\varkappa}{\mathcal{T}^n}(n_Q)\, \Gamma(P, Q)\, n_Q \cdot e_k$ und untersuchen nun die einzelnen Summanden von (4.44).

1.
$$\int_{S(Q_0, \delta)} \frac{n_{Q_0} \cdot n_Q \big(n_k(Q) - n_k(Q_0)\, n_{Q_0} \cdot n_Q\big)}{r_{PQ}^3}\, dS_Q$$

$$= \int_{S(Q_0, \delta)} \frac{n_k(Q) - n_k(Q_0) + n_k(Q_0)\, n_{Q_0} \cdot (n_{Q_0} - n_Q)}{r_{PQ}^3}\, dS_Q + O(\delta)$$

$$= \int_0^{2\pi} \int_0^{\delta} \frac{\sum_{l=1}^{3} \alpha_{kl} [\nu_l(Q) - \nu_l(Q_0)] + n_k(Q_0) \sum_{l=1}^{3} \nu_l(Q_0) \big(\nu_l(Q_0) - \nu_l(Q)\big)}{r_{PQ}^3}\, \varrho\, d\varrho\, d\theta + O(\delta)$$

$$= \int_0^{2\pi} \int_0^{\delta} \frac{\sum_{l=1}^{3} \alpha_{kl} [y_1 \mathring{\nu}_{l,1} + y_2 \mathring{\nu}_{l,2}]}{\sqrt{\varrho^2 + (s - \Phi)^2}^3}\, \varrho\, d\varrho\, d\theta + O(\delta)$$

$$= \int_0^{2\pi} \int_0^{\delta} \left[\frac{1}{\sqrt{\varrho^2 + (s - \Phi)^2}^3} - \frac{1}{\sqrt{\varrho^2 + s^2}^3} \right] \left\{ \sum_{l=1}^{3} \alpha_{kl} [y_1 \mathring{\nu}_{l,1} + y_2 \mathring{\nu}_{l,2}] \right\} \varrho\, d\varrho\, d\theta + O(\delta) = O(\delta) .$$

2.
$$\int_{S(Q_0, \delta)} \frac{n_{Q_0} \cdot n_Q (x_k - \xi_k) \sum_{l=1}^{3} (x_l - \xi_l)\, n_l(Q)}{r_{PQ}^5}\, dS_Q$$

$$= \int_{S(Q_0, \delta)} \frac{(x_k - \xi_k) \sum_{l=1}^{3} (x_l - \xi_l)\, n_l(Q_0)}{r_{PQ}^5}\, dS_Q +$$

$$+ \int_{S(Q_0, \delta)} \frac{(n_{Q_0} \cdot n_Q - 1)(x_k - \xi_k) \sum_{l=1}^{3} (x_l - \xi_l)\, n_l(Q_0)}{r_{PQ}^5}\, dS_Q$$

$$+ \int_{S(Q_0, \delta)} \frac{n_{Q_0} \cdot n_Q (x_k - \xi_k) \sum_{l=1}^{3} (x_l - \xi_l) \big(n_l(Q) - n_l(Q_0)\big)}{r_{PQ}^5}\, dS_Q .$$

Für das erste Integral erhält man

$$\int\limits_{S(Q_0,\delta)} \frac{(x_k - \xi_k) \sum_{l=1}^{3} (x_l - \xi) \, n_l(Q_0)}{r_{PQ}^5} \, dS_Q =$$

$$= \int\limits_0^{2\pi} \int\limits_0^{\delta} \frac{[-\alpha_{k1} y_1 - \alpha_{k2} y_2 + \alpha_{k3}(s - \Phi)] \, (s - \Phi)}{\sqrt{\varrho^2 + (s - \Phi)^2}^5} \, \varrho \, d\varrho \, d\theta + O(\delta)$$

$$= \int\limits_0^{2\pi} \int\limits_0^{\delta} \frac{\alpha_{k3}(s - \Phi)^2}{\sqrt{\varrho^2 + (s - \Phi)^2}^5} \, \varrho \, d\varrho \, d\theta + \int\limits_0^{2\pi} \int\limits_0^{\delta} [-\alpha_{k1} y_1 - \alpha_{k2} y_2] \left[\frac{s - \Phi}{\sqrt{\varrho^2 + (s - \Phi)^2}^5} - \frac{s}{\sqrt{\varrho^2 + s^2}^5} \right] \varrho \, d\varrho \, d\theta + O(\delta) \, .$$

Durch TAYLOR-Entwicklung und Beachtung von (4.57) erhält man

$$\frac{s - \Phi}{\sqrt{\varrho^2 + (s - \Phi)^2}^5} - \frac{s}{\sqrt{\varrho^2 + s^2}^5} = \left[\frac{1}{2} \, y_1^2 \mathring{\Phi}_{,11} + y_1 y_2 \mathring{\Phi}_{,12} + \frac{1}{2} \, y_2^2 \mathring{\Phi}_{,22} \right] \frac{4s^2 - \varrho^2}{\sqrt{\varrho^2 + s^2}^7} + O\left(\frac{1}{\varrho^2}\right).$$

Wegen (4.56) folgt

$$\int\limits_{S(Q_0,\delta)} \frac{(x_k - \xi_k) \sum_{l=1}^{3} (x_l - \xi_l) \, n_l(Q_0)}{r_{PQ}^5} \, dS_Q = \int\limits_0^{2\pi} \int\limits_0^{\delta} \frac{\alpha_{k3}(s - \Phi)^2}{\sqrt{\varrho^2 + (s - \Phi)^2}^5} \, \varrho \, d\varrho \, d\theta + O(\delta) \, .$$

Für das zweite Integral erhält man

$$\int\limits_{S(Q_0,\delta)} \frac{\boldsymbol{n}_{Q_0} \cdot (\boldsymbol{n}_Q - \boldsymbol{n}_{Q_0}) \, (x_k - \xi_k) \sum_{l=1}^{3} (x_l - \xi_l) \, n_l(Q_0)}{r_{PQ}^5} \, dS_Q$$

$$= \int\limits_0^{2\pi} \int\limits_0^{\delta} \frac{\sum_{l=1}^{3} \nu_l(Q_0) \, \big(\nu_l(Q) - \nu_l(Q_0)\big) \, [-\alpha_{k1} y_1 - \alpha_{k2} y_2 + \alpha_{k3}(s - \Phi)] \, (s - \Phi)}{r_{PQ}^5} \, \varrho \, d\varrho \, d\theta + O(\delta) = O(\delta) \, .$$

Für das dritte Integral erhält man

$$\int\limits_{S(Q_0,\delta)} \frac{\boldsymbol{n}_{Q_0} \cdot \boldsymbol{n}_Q (x_k - \xi_k) \sum_{l=1}^{3} (x_l - \xi_l) \, \big(n_l(Q) - n_l(Q_0)\big)}{r_{PQ}^5} \, dS_Q$$

$$= \int\limits_0^{2\pi} \int\limits_0^{\delta} \frac{(x_k - \xi_k) \sum_{l=1}^{3} (x_l - \xi_l) \, \big(n_l(Q) - n_l(Q_0)\big)}{r_{PQ}^5} \, \varrho \, d\varrho \, d\theta + O(\delta)$$

$$= \int\limits_0^{2\pi} \int\limits_0^{\delta} \frac{[-\alpha_{k1} y_1 - \alpha_{k2} y_2 + \alpha_{k3}(s - \Phi)] \, [-y_1(y_1 \mathring{\nu}_{1,1} + y_2 \mathring{\nu}_{1,2}) - y_2(y_1 \mathring{\nu}_{2,1} + y_2 \mathring{\nu}_{2,2})]}{r_{PQ}^5} \, \varrho \, d\varrho \, d\theta + O(\delta)$$

$$= \int\limits_0^{2\pi} \int\limits_0^{\delta} \frac{\alpha_{k3}(s - \Phi) \, [-y_1(y_1 \mathring{\nu}_{1,1} + y_2 \mathring{\nu}_{1,2}) - y_2(y_1 \mathring{\nu}_{2,1} + y_2 \mathring{\nu}_{2,2})]}{\sqrt{\varrho^2 + (s - \Phi)^2}^5} \, \varrho \, d\varrho \, d\theta + O(\delta)$$

$$= \int\limits_0^{2\pi} \int\limits_0^{\delta} \frac{\alpha_{k3} s [-y_1^2 \mathring{\nu}_{1,1} - y_2^2 \mathring{\nu}_{2,2}]}{\sqrt{\varrho^2 + s^2}^5} \, \varrho \, d\varrho \, d\theta + O(\delta)$$

$$= -\pi \alpha_{k3} (\mathring{\nu}_{1,1} + \mathring{\nu}_{2,2}) \, s \int\limits_0^{\delta} \frac{\varrho^3}{\sqrt{\varrho^2 + s^2}^5} \, d\varrho + O(\delta) \, .$$

Fassen wir zusammen, dann folgt

$$\int\limits_{S(Q_0,\delta)} \frac{\boldsymbol{n}_{Q_0} \cdot \boldsymbol{n}_Q (x_k - \xi_k) \sum\limits_{l=1}^{3} (x_l - \xi_l)\, n_l(Q)}{r_{PQ}^5}\, dS_Q$$

$$= \int\limits_0^{2\pi}\int\limits_0^{\delta} \frac{\alpha_{k3}(s - \Phi)^2}{\sqrt{\varrho^2 + (s-\Phi)^2}^5}\, \varrho\, d\varrho\, d\theta - \pi\alpha_{k3}(\mathring{\nu}_{1,1} + \mathring{\nu}_{2,2})\, s \int\limits_0^{\delta} \frac{\varrho^3}{\sqrt{\varrho^2 + s^2}^5}\, d\varrho + O(\delta)\,.$$

3. $$\int\limits_{S(Q_0,\delta)} \frac{n_k(Q) \sum\limits_{l=1}^{3} (x_l - \xi_l)\, n_l(Q_0) \sum\limits_{l=1}^{3} (x_l - \xi_l)\, n_l(Q)}{r_{PQ}^5}\, dS_Q$$

$$= \int\limits_{S(Q_0,\delta)} \frac{n_k(Q_0) \left[\sum\limits_{l=1}^{3} (x_l - \xi_l)\, n_l(Q_0)\right]^2}{r_{PQ}^5}\, dS_Q$$

$$+ \int\limits_{S(Q_0,\delta)} \frac{[n_k(Q) - n_k(Q_0)] \sum\limits_{l=1}^{3} (x_l - \xi_l)\, n_l(Q_0) \sum\limits_{l=1}^{3} (x_l - \xi_l)\, n_l(Q)}{r_{PQ}^5}\, dS_Q$$

$$+ \int\limits_{S(Q_0,\delta)} \frac{n_k(Q_0) \sum\limits_{l=1}^{3} (x_l - \xi_l)\, n_l(Q_0) \sum\limits_{l=1}^{3} (x_l - \xi_l) \big(n_l(Q) - n_l(Q_0)\big)}{r_{PQ}^5}\, dS_Q$$

$$= \int\limits_0^{2\pi}\int\limits_0^{\delta} \frac{\alpha_{k3}(s - \Phi)^2}{\sqrt{\varrho^2 + (s-\Phi)^2}^5}\, \varrho\, d\varrho\, d\theta$$

$$+ \int\limits_0^{2\pi}\int\limits_0^{\delta} \frac{\left[\sum\limits_{l=1}^{3} \alpha_{kl}(y_1 \mathring{\nu}_{l,1} + y_2 \mathring{\nu}_{l,2})\right] (s - \Phi)\, [-y_1 \nu_1(Q) - y_2 \nu_2(Q) + (s - \Phi)\, \nu_3(Q)]}{r_{PQ}^5}\, \varrho\, d\varrho\, d\theta$$

$$+ \int\limits_0^{2\pi}\int\limits_0^{\delta} \frac{\alpha_{k3}(s - \Phi)\, [-y_1(y_1 \mathring{\nu}_{1,1} + y_2 \mathring{\nu}_{2,2}) - y_2(y_1 \mathring{\nu}_{2,1} + y_2 \mathring{\nu}_{2,2})]}{r_{PQ}^5}\, \varrho\, d\varrho\, d\theta + O(\delta)$$

$$= \int\limits_0^{2\pi}\int\limits_0^{\delta} \frac{\alpha_{k3}(s - \Phi)^2}{\sqrt{\varrho^2 + (s-\Phi)^2}^5}\, \varrho\, d\varrho\, d\theta + \int\limits_0^{2\pi}\int\limits_0^{\delta} \frac{\left[y_1 \sum\limits_{l=1}^{3} \alpha_{kl} \mathring{\nu}_{1,l} + y_2 \sum\limits_{l=1}^{3} \alpha_{kl} \mathring{\nu}_{l,2}\right] (s - \Phi)^2}{r_{PQ}^5}\, \varrho\, d\varrho\, d\theta$$

$$- \pi\alpha_{k3}(\mathring{\nu}_{1,1} + \mathring{\nu}_{2,2})\, s \int\limits_0^{\delta} \frac{\varrho^3}{\sqrt{\varrho^2 + s^2}^5}\, d\varrho + O(\delta)$$

$$= \int\limits_0^{2\pi}\int\limits_0^{\delta} \frac{\alpha_{k3}(s - \Phi)^2}{\sqrt{\varrho^2 + (s-\Phi)^2}^5}\, \varrho\, d\varrho\, d\theta - \pi\alpha_{k3}(\mathring{\nu}_{1,1} + \mathring{\nu}_{2,2})\, s \int\limits_0^{\delta} \frac{\varrho^3}{\sqrt{\varrho^2 + s^2}^5}\, d\varrho + O(\delta)\,.$$

4. $$\int\limits_{S(Q_0,\delta)} \frac{n_k(Q_0)\, \boldsymbol{n}_{Q_0} \cdot \boldsymbol{n}_Q \sum\limits_{l=1}^{3} (x_l - \xi_l)\, n_l(Q_0) \sum\limits_{l=1}^{3} (x_l - \xi_l)\, n_l(Q)}{r_{PQ}^5}\, dS_Q$$

$$= \int\limits_{S(Q_0,\delta)} \frac{n_k(Q_0) \left[\sum\limits_{l=1}^{3} (x_l - \xi_l)\, n_l(Q_0)\right]^2}{r_{PQ}^5}\, dS_Q$$

$$+ \int\limits_{S(Q_0,\delta)} \frac{n_k(Q_0)\, \boldsymbol{n}_{Q_0} \cdot (\boldsymbol{n}_Q - \boldsymbol{n}_{Q_0}) \sum\limits_{l=1}^{3} (x_l - \xi_l)\, n_l(Q_0) \sum\limits_{l=1}^{3} (x_l - \xi_l)\, n_l(Q)}{r_{PQ}^5}\, dS_Q$$

$$+ \int\limits_{S(Q_0,\delta)} \frac{n_k(Q_0) \sum\limits_{l=1}^{3} (x_l - \xi_l)\, n_l(Q_0) \sum\limits_{l=1}^{3} (x_l - \xi_l)\, \big(n_l(Q) - n_l(Q_0)\big)}{r_{PQ}^5}\, dS_Q$$

$$= \int\limits_0^{2\pi}\int\limits_0^{\delta} \frac{\alpha_{k3}(s - \Phi)^2}{\sqrt{\varrho^2 + (s - \Phi)^2}^5}\, \varrho\, d\varrho\, d\theta - \pi \alpha_{k3}(\mathring{\nu}_{1,1} + \mathring{\nu}_{2,2})\, s \int\limits_0^{\delta} \frac{\varrho^3}{\sqrt{\varrho^2 + s^2}^5}\, d\varrho + O(\delta)\,.$$

5. $$\int\limits_{S(Q_0,\delta)} \frac{(x_k - \xi_k) \sum\limits_{l=1}^{3} (x_l - \xi_l)\, n_l(Q_0)}{r_{PQ}^5}\, dS_Q = \int\limits_0^{2\pi}\int\limits_0^{\delta} \frac{\alpha_{k3}(s - \Phi)^2}{\sqrt{\varrho^2 + (s - \Phi)^2}^5}\, \varrho\, d\varrho\, d\theta + O(\delta)\,.$$

6. $$\int\limits_{S(Q_0,\delta)} \frac{n_k(Q_0) \left[\sum\limits_{l=1}^{3} (x_l - \xi_l)\, n_l(Q_0)\right]^2}{r_{PQ}^5}\, dS_Q = \int\limits_0^{2\pi}\int\limits_0^{\delta} \frac{\alpha_{k3}(s - \Phi)^2}{\sqrt{\varrho^2 + (s - \Phi)^2}^5}\, \varrho\, d\varrho\, d\theta + O(\delta)\,.$$

7. $$\int\limits_{S(Q_0,\delta)} \frac{(x_k - \xi_k) \sum\limits_{l=1}^{3} (x_l - \xi_l)\, n_l(Q_0) \left[\sum\limits_{l=1}^{3} (x_l - \xi_l)\, n_l(Q)\right]^2}{r_{PQ}^7}\, dS_Q$$

$$= \int\limits_{S(Q_0,\delta)} \frac{(x_k - \xi_k) \left[\sum\limits_{l=1}^{3} (x_l - \xi_l)\, n_l(Q_0)\right]^3}{r_{PQ}^7}\, dS_Q$$

$$+ \int\limits_{S(Q_0,\delta)} \frac{(x_k - \xi_k)\, 2 \left[\sum\limits_{l=1}^{3} (x_l - \xi_l)\, n_l(Q_0)\right]^2 \sum\limits_{l=1}^{3} (x_l - \xi_l)\, \big(n_l(Q) - n_l(Q_0)\big)}{r_{PQ}^7}\, dS_Q$$

$$+ \int\limits_{S(Q_0,\delta)} \frac{(x_k - \xi_k) \sum\limits_{l=1}^{3} (x_l - \xi_l)\, n_l(Q_0) \left[\sum\limits_{l=1}^{3} (x_l - \xi_l)\, \big(n_l(Q) - n_l(Q_0)\big)\right]^2}{r_{PQ}^7}\, dS_Q\,.$$

Es ist

$$\int\limits_{S(Q_0,\delta)} \frac{(x_k - \xi_k) \left[\sum\limits_{l=1}^{3} (x_l - \xi_l)\, n_l(Q_0)\right]^3}{r_{PQ}^7}\, dS_Q$$

$$= \int\limits_0^{2\pi}\int\limits_0^{\delta} \frac{[-\alpha_{k1} y_1 - \alpha_{k2} y_2 + \alpha_{k3}(s - \Phi)]\, (s - \Phi)^3}{\sqrt{\varrho^2 + (s - \Phi)^2}^7}\, \varrho\, d\varrho\, d\theta + O(\delta)$$

$$= \int\limits_0^{2\pi}\int\limits_0^{\delta} \frac{\alpha_{k3}(s - \Phi)^4}{\sqrt{\varrho + (s - \Phi)^2}^7}\, \varrho\, d\varrho\, d\theta - \int\limits_0^{2\pi}\int\limits_0^{\delta} \frac{(\alpha_{k1} y_1 + \alpha_{k2} y_2)\, (s - \Phi)^3}{\sqrt{\varrho^2 + (s - \Phi)^2}^7}\, \varrho\, d\varrho\, d\theta + O(\delta)\,.$$

Durch TAYLOR-Entwicklung und Beachtung von (4.57) folgt

$$\frac{(s-\Phi)^3}{\sqrt{\varrho^2+(s-\Phi)^2}^7}-\frac{s^3}{\sqrt{\varrho^2+s^2}^7}=\left(\frac{1}{2}\,y_1^2\mathring{\Phi}_{,11}+y_1y_2\mathring{\Phi}_{,12}+\frac{1}{2}\,y_2^2\mathring{\Phi}_{,22}\right)\frac{s^2(4s^2-3\varrho^2)}{\sqrt{\varrho^2+s^2}^9}+0\left(\frac{1}{\varrho^2}\right)$$

also ist wegen (4.56)

$$\int\limits_{S(Q_0,\delta)}\frac{(x_k-\xi_k)\left[\sum\limits_{l=1}^{3}(x_l-\xi_l)\,n_l(Q_0)\right]^3}{r_{PQ}^7}\,dS_Q=\int\limits_0^{2\pi}\int\limits_0^{\delta}\frac{\alpha_{k3}(s-\Phi)^4}{\sqrt{\varrho^2+(s-\Phi)^2}^7}\,\varrho\,d\varrho\,d\theta+O(\delta)\,.$$

Für das zweite Integral erhält man

$$\int\limits_{S(Q_0,\delta)}\frac{(x_k-\xi_k)\,2\left[\sum\limits_{l=1}^{3}(x_l-\xi_l)\,n_l(Q_0)\right]^2\sum\limits_{l=1}^{3}(x_l-\xi_l)\,\big(n_l(Q)-n_l(Q_0)\big)}{r_{PQ}^7}\,dS_Q$$

$$=\int\limits_0^{2\pi}\int\limits_0^{\delta}\frac{2\alpha_{k3}s^3\left[-y_1^2\mathring{\nu}_{1,1}-y_2^2\mathring{\nu}_{2,2}\right]}{\sqrt{\varrho^2+s^2}^7}\,\varrho\,d\varrho\,d\theta+O(\delta)$$

$$=-2\pi\alpha_{k3}s^3(\mathring{\nu}_{1,1}+\mathring{\nu}_{2,2})\int\limits_0^{\delta}\frac{\varrho^3}{\sqrt{\varrho^2+s^2}^7}\,d\varrho+O(\delta)\,.$$

Da das dritte Integral offenbar gleich $O(\delta)$ ist, hat man

$$\int\limits_{S(Q_0,\delta)}\frac{(x_k-\xi_k)\sum\limits_{l=1}^{3}(x_l-\xi_l)\,n_l(Q_0)\left[\sum\limits_{l=1}^{3}(x_l-\xi_l)\,n_l(Q)\right]^2}{r_{PQ}^7}\,dS_Q$$

$$=\int\limits_0^{2\pi}\int\limits_0^{\delta}\frac{\alpha_{k3}(s-\Phi)^4}{\sqrt{\varrho^2+(s-\Phi)^2}^7}\,\varrho\,d\varrho\,d\theta-2\pi\alpha_{k3}s^3(\mathring{\nu}_{1,1}+\mathring{\nu}_{2,2})\int\limits_0^{\delta}\frac{\varrho^3}{\sqrt{\varrho^2+s^2}^7}\,d\varrho+O(\delta)\,.$$

8.

$$\int\limits_{S(Q_0,\delta)}\frac{n_k(Q_0)\left[\sum\limits_{l=1}^{3}(x_l-\xi_l)\,n_l(Q_0)\right]^2\left[\sum\limits_{l=1}^{3}(x_l-\xi_l)\,n_l(Q)\right]^2}{r_{PQ}^7}\,dS_Q$$

$$=\int\limits_{S(Q_0,\delta)}\frac{n_k(Q_0)\left[\sum\limits_{l=1}^{3}(x_l-\xi_l)\,n_l(Q_0)\right]^4}{r_{PQ}^7}\,dS_Q$$

$$+\int\limits_{S(Q_0,\delta)}\frac{2n_k(Q_0)\left[\sum\limits_{l=1}^{3}(x_l-\xi_l)\,n_l(Q_0)\right]^3\sum\limits_{l=1}^{3}(x_l-\xi_l)\,\big(n_l(Q)-n_l(Q_0)\big)}{r_{PQ}^7}\,dS_Q$$

$$+\int\limits_{S(Q_0,\delta)}\frac{n_k(Q_0)\left[\sum\limits_{l=1}^{3}(x_l-\xi_l)\,n_l(Q_0)\right]^2\left[\sum\limits_{l=1}^{3}(x_l-\xi_l)\,\big(n_l(Q)-n_l(Q_0)\big)\right]^2}{r_{PQ}^7}\,dS_Q$$

$$=\int\limits_0^{2\pi}\int\limits_0^{\delta}\frac{\alpha_{k3}(s-\Phi)^4}{\sqrt{\varrho^2+(s-\Phi)^2}^7}\,\varrho\,d\varrho\,d\theta-2\pi\alpha_{k3}s^3(\mathring{\nu}_{1,1}+\mathring{\nu}_{2,2})\int\limits_0^{\delta}\frac{\varrho^3}{\sqrt{\varrho^2+s^2}^7}\,d\varrho+O(\delta)\,.$$

Wir erhalten somit

$$\int\limits_{S(Q_0,\delta)}\mathcal{T}^t(\boldsymbol{n}_P)\,\overset{\times}{\mathcal{T}}{}^n(\boldsymbol{n}_Q)\,\Gamma(P,Q)\,\boldsymbol{n}_Q\cdot\boldsymbol{e}_k\,dS_Q=O(\delta)\,.$$

Also gilt

$$\{\mathcal{T}^t(n_{Q_0}) \overset{*}{W}{}^n(Q_0, n)\}^{\pm} - \mathcal{T}^t(n_{Q_0}) \overset{*}{W}{}^n(Q_0, n) = 0$$

und die Sprungrelation (4.46) vereinfacht sich. Beachtet man noch den Satz 4.3, so folgt der

Satz 4.9: *Sei $S \subset \Lambda_3$, $f \subset C^{1,\beta}(S)$, dann gilt*

$$\{\mathcal{T}^t(n_{Q_0}) W^n(Q_0, fn)\}^{\pm} = \frac{1}{2\pi} \int\limits_S \mathcal{T}^t(n_{Q_0}) \mathcal{T}^n(n_Q) \Gamma(Q_0, Q) n_Q f(Q) \, dS_Q \subset C^{0,\beta}(S) . \tag{4.58}$$

Um zu einer Vereinfachung der Sprungrelation (4.49) zu gelangen, sind jetzt die einzelnen Summanden von (4.48) abzuschätzen.

1. $$\int\limits_{S(Q_0,\delta)} \frac{n_{Q_0} \cdot n_Q (n_k(Q_0) - n_k(Q) n_{Q_0} \cdot n_Q)}{r_{PQ}^3} dS_Q$$

$$= \int\limits_{S(Q_0,\delta)} \frac{-(n_k(Q) - n_k(Q_0)) + n_k(Q_0) n_{Q_0} \cdot (n_{Q_0} - n_Q)}{r_{PQ}^3} dS_Q + O(\delta) = O(\delta) .$$

2. $$\int\limits_{S(Q_0,\delta)} \frac{n_{Q_0} \cdot n_Q (x_k - \xi_k) \sum\limits_{l=1}^{3} (x_l - \xi_l) n_l(Q_0)}{r_{PQ}^5} dS_Q$$

$$= \int\limits_{S(Q_0,\delta)} \frac{(x_k - \xi_k) \sum\limits_{l=1}^{3} (x_l - \xi_l) n_l(Q_0)}{r_{PQ}^5} dS_Q +$$

$$+ \int\limits_{S(Q_0,\delta)} \frac{n_{Q_0} \cdot (n_Q - n_{Q_0}) (x_k - \xi_k) \sum\limits_{l=1}^{3} (x_l - \xi_l) n_l(Q_0)}{r_{PQ}^5} dS_Q$$

$$= \int\limits_0^{2\pi} \int\limits_0^{\delta} \frac{\alpha_{k3}(s - \Phi)^2}{\sqrt{\varrho^2 + (s - \Phi)^2}^5} \varrho \, d\varrho \, d\theta + O(\delta) .$$

3. $$\int\limits_{S(Q_0,\delta)} \frac{n_k(Q_0) \sum\limits_{l=1}^{3} (x_l - \xi_l) n_l(Q_0) \sum\limits_{l=1}^{3} (x_l - \xi_l) n_l(Q)}{r_{PQ}^5} dS_Q$$

$$= \int\limits_{S(Q_0,\delta)} \frac{n_k(Q_0) \left[\sum\limits_{l=1}^{3} (x_l - \xi_l) n_l(Q_0)\right]^2}{r_{PQ}^5} dS_Q$$

$$+ \int\limits_{S(Q_0,\delta)} \frac{n_k(Q_0) \sum\limits_{l=1}^{3} (x_l - \xi_l) n_l(Q_0) \sum\limits_{l=1}^{3} (x_l - \xi_l) (n_l(Q) - n_l(Q_0))}{r_{PQ}^5} dS_Q$$

$$= \int\limits_0^{2\pi} \int\limits_0^{\delta} \frac{\alpha_{k3}(s - \Phi)^2}{\sqrt{\varrho^2 + (s - \Phi)^2}^5} \varrho \, d\varrho \, d\theta - \pi \alpha_{k3}(\mathring{\nu}_{1,1} + \mathring{\nu}_{2,2}) \, s \int\limits_0^{\delta} \frac{\varrho^3}{\sqrt{\varrho^2 + s^2}^5} d\varrho + O(\delta) .$$

4.
$$\int\limits_{S(Q_0,\delta)} \frac{n_k(Q)\, \boldsymbol{n}_{Q_0}\cdot \boldsymbol{n}_Q \sum_{l=1}^{3} (x_l-\xi_l)\, n_l(Q_0) \sum_{l=1}^{3} (x_l-\xi_l)\, n_l(Q)}{r_{PQ}^5}\, dS_Q$$
$$= \int\limits_{S(Q_0,\delta)} \frac{n_k(Q_0) \left[\sum_{l=1}^{3} (x_l-\xi_l)\, n_l(Q_0)\right]^2}{r_{PQ}^5}\, dS_Q$$
$$+ \int\limits_{S(Q_0,\delta)} \frac{n_k(Q_0) \sum_{l=1}^{3} (x_l-\xi_l)\, n_l(Q_0) \sum_{l=1}^{3} (x_l-\xi_l)\, \big(n_l(Q)-n_l(Q_0)\big)}{r_{PQ}^5}\, dS_Q$$
$$+ \int\limits_{S(Q_0,\delta)} \frac{\big(n_k(Q)-n_k(Q_0)\big) \sum_{l=1}^{3} (x_l-\xi_l)\, n_l(Q_0) \sum_{l=1}^{3} (x_l-\xi_l)\, n_l(Q)}{r_{PQ}^5}\, dS_Q$$
$$+ \int\limits_{S(Q_0,\delta)} \frac{n_k(Q_0)\, \boldsymbol{n}_{Q_0}\cdot (\boldsymbol{n}_Q-\boldsymbol{n}_{Q_0}) \sum_{l=1}^{3} (x_l-\xi_l)\, n_l(Q_0) \sum_{l=1}^{3} (x_l-\xi_l)\, n_l(Q)}{r_{PQ}^5}\, dS_Q + O(\delta)$$
$$= \int_0^{2\pi}\int_0^{\delta} \frac{\alpha_{k3}(s-\Phi)^2}{\sqrt{\varrho^2+(s-\Phi)^2}^5}\, \varrho\, d\varrho\, d\theta - \pi\alpha_{k3}(\mathring{\nu}_{1,1}+\mathring{\nu}_{2,2})\, s \int_0^{\delta} \frac{\varrho^3}{\sqrt{\varrho^2+s^2}^5}\, d\varrho + O(\delta)\,.$$

5.
$$\int\limits_{S(Q_0,\delta)} \frac{(x_k-\xi_k) \sum_{l=1}^{3} (x_l-\xi_l)\, n_l(Q)}{r_{PQ}^5}\, dS_Q =$$
$$= \int\limits_{S(Q_0,\delta)} \frac{(x_k-\xi_k) \sum_{l=1}^{3} (x_l-\xi_l)\, n_l(Q_0)}{r_{PQ}^5}\, dS_Q$$
$$+ \int\limits_{S(Q_0,\delta)} \frac{(x_k-\xi_k) \sum_{l=1}^{3} (x_l-\xi_l)\, \big(n_l(Q)-n_l(Q_0)\big)}{r_{PQ}^5}\, dS_Q$$
$$= \int_0^{2\pi}\int_0^{\delta} \frac{\alpha_{k3}(s-\Phi)^2}{\sqrt{\varrho^2+(s-\Phi)^2}^5}\, \varrho\, d\varrho\, d\theta - \pi\alpha_{k3}(\mathring{\nu}_{1,1}+\mathring{\nu}_{2,2})\, s \int_0^{\delta} \frac{\varrho^3}{\sqrt{\varrho^2+s^2}^5}\, d\varrho + O(\delta)\,.$$

6.
$$\int\limits_{S(Q_0,\delta)} \frac{n_k(Q) \left[\sum_{l=1}^{3} (x_l-\xi_l)\, n_l(Q)\right]^2}{r_{PQ}^5}\, dS_Q$$
$$= \int\limits_{S(Q_0,\delta)} \frac{n_k(Q_0) \left[\sum_{l=1}^{3} (x_l-\xi_l)\, n_l(Q_0)\right]^2}{r_{PQ}^5}\, dS_Q$$
$$+ \int\limits_{S(Q_0,\delta)} \frac{2n_k(Q_0) \sum_{l=1}^{3} (x_l-\xi_l)\, n_l(Q_0) \sum_{l=1}^{3} (x_l-\xi_l)\, \big(n_l(Q)-n_l(Q_0)\big)}{r_{PQ}^5}\, dS_Q$$
$$+ \int\limits_{S(Q_0,\delta)} \frac{\big(n_k(Q)-n_k(Q_0)\big) \left[\sum_{l=1}^{3} (x_l-\xi_l)\, n_l(Q_0)\right]^2}{r_{PQ}^5}\, dS_Q + O(\delta)$$
$$= \int_0^{2\pi}\int_0^{\delta} \frac{\alpha_{k3}(s-\Phi)^2}{\sqrt{\varrho^2+(s-\Phi)^2}^5}\, \varrho\, d\varrho\, d\theta - 2\pi\alpha_{k3}(\mathring{\nu}_{1,1}+\mathring{\nu}_{2,2})\, s \int_0^{\delta} \frac{\varrho^3}{\sqrt{\varrho^2+s^2}^5}\, d\varrho + O(\delta)\,.$$

7. $$\int\limits_{S(Q_0,\delta)} \frac{(x_k-\xi_k)\left[\sum\limits_{l=1}^{3}(x_l-\xi_l)\,n_l(Q_0)\right]^2 \sum\limits_{l=1}^{3}(x_l-\xi_l)\,n_l(Q)}{r_{PQ}^7}\,\mathrm{d}S_Q$$

$$= \int\limits_{S(Q_0,\delta)} \frac{(x_k-\xi_k)\left[\sum\limits_{l=1}^{3}(x_l-\xi_l)\,n_l(Q_0)\right]^3}{r_{PQ}^7}\,\mathrm{d}S_Q$$

$$+ \int\limits_{S(Q_0,\delta)} \frac{(x_k-\xi_k)\left[\sum\limits_{l=1}^{3}(x_l-\xi_l)\,n_l(Q_0)\right]^2 \sum\limits_{l=1}^{3}(x_l-\xi_l)\,\big(n_l(Q)-n_l(Q_0)\big)}{r_{PQ}^7}\,\mathrm{d}S_Q$$

$$= \int\limits_0^{2\pi}\int\limits_0^{\delta} \frac{\alpha_{k3}(s-\Phi)^4}{\sqrt{\varrho^2+(s-\Phi)^2}^{\,7}}\,\varrho\,\mathrm{d}\varrho\,\mathrm{d}\theta - \pi\alpha_{k3}s^3(\mathring{\nu}_{1,1}+\mathring{\nu}_{2,2})\int\limits_0^{\delta}\frac{\varrho^3}{\sqrt{\varrho^2+s^2}^{\,7}}\,\mathrm{d}\varrho + O(\delta)\,.$$

8. $$\int\limits_{S(Q_0,\delta)} \frac{n_k(Q)\left[\sum\limits_{l=1}^{3}(x_l-\xi_l)\,n_l(Q_0)\right]^2\left[\sum\limits_{l=1}^{3}(x_l-\xi_l)\,n_l(Q)\right]^2}{r_{PQ}^7}\,\mathrm{d}S_Q$$

$$= \int\limits_{S(Q_0,\delta)} \frac{n_k(Q_0)\left[\sum\limits_{l=1}^{3}(x_l-\xi_l)\,n_l(Q_0)\right]^4}{r_{PQ}^7}\,\mathrm{d}S_Q$$

$$+ \int\limits_{S(Q_0,\delta)} \frac{2n_k(Q_0)\left[\sum\limits_{l=1}^{3}(x_l-\xi_l)\,n_l(Q_0)\right]^3 \sum\limits_{l=1}^{3}(x_l-\xi_l)\,\big(n_l(Q)-n_l(Q_0)\big)}{r_{PQ}^7}\,\mathrm{d}S_Q$$

$$+ \int\limits_{S(Q_0,\delta)} \frac{\big(n_k(Q)-n_k(Q_0)\big)\left[\sum\limits_{l=1}^{3}(x_l-\xi_l)\,n_l(Q_0)\right]^4}{r_{PQ}^7}\,\mathrm{d}S_Q + O(\delta)$$

$$= \int\limits_0^{2\pi}\int\limits_0^{\delta} \frac{\alpha_{k3}(s-\Phi)^4}{\sqrt{\varrho^2+(s-\Phi)^2}^{\,7}}\,\varrho\,\mathrm{d}\varrho\,\mathrm{d}\theta - 2\pi\alpha_{k3}s^3(\mathring{\nu}_{1,1}+\mathring{\nu}_{2,2})\int\limits_0^{\delta}\frac{\varrho^3}{\sqrt{\varrho^2+s^2}^{\,7}}\,\mathrm{d}\varrho$$

$$+ \int\limits_0^{2\pi}\int\limits_0^{\delta} \frac{\sum\limits_{l=1}^{3}\alpha_{kl}(y_1\mathring{\nu}_{l,1}+y_2\mathring{\nu}_{l,2})\,(s-\Phi)^4}{\sqrt{\varrho^2+(s-\Phi)^2}^{\,7}}\,\varrho\,\mathrm{d}\varrho\,\mathrm{d}\theta + O(\delta)$$

$$= \int\limits_0^{2\pi}\int\limits_0^{\delta} \frac{\alpha_{k3}(s-\Phi)^4}{\sqrt{\varrho^2+(s-\Phi)^2}^{\,7}}\,\varrho\,\mathrm{d}\varrho\,\mathrm{d}\theta - 2\pi\alpha_{k3}s^3(\mathring{\nu}_{1,1}+\mathring{\nu}_{2,2})\int\limits_0^{\delta}\frac{\varrho^3}{\sqrt{\varrho^2+s^2}^{\,7}}\,\mathrm{d}\varrho + O(\delta)\,.$$

Zusammenfassend erhalten wir

$$\int\limits_{S(Q_0,\delta)} \boldsymbol{n}_{Q_0}\cdot\mathcal{T}^n(\boldsymbol{n}_{Q_0})\,\overset{\varkappa}{\mathcal{T}}{}^t(\boldsymbol{n}_Q)\,\Gamma(P,Q)\,\boldsymbol{e}_k\,\mathrm{d}S_Q =$$

$$= \frac{3\mu(3\mu+2\lambda-\varkappa)}{\lambda+2\mu}\,\pi\alpha_{k3}(\mathring{\nu}_{1,1}+\mathring{\nu}_{2,2})\,s\int\limits_0^{\delta}\frac{\varrho^3}{\sqrt{\varrho^2+s^2}^{\,5}}\,\mathrm{d}\varrho$$

$$- \frac{15(\lambda+\mu)(\mu+\varkappa)}{\lambda+2\mu}\,\pi\alpha_{k3}(\mathring{\nu}_{1,1}+\mathring{\nu}_{2,2})\,s^3\int\limits_0^{\delta}\frac{\varrho^3}{\sqrt{\varrho^2+s^2}^{\,7}}\,\mathrm{d}\varrho + O(\delta)$$

$$= \frac{3\mu(3\mu+2\lambda-\varkappa)}{\lambda+2\mu}\,\pi\alpha_{k3}(\mathring{\nu}_{1,1}+\mathring{\nu}_{2,2})\,s\left[-\frac{1}{\sqrt{\delta^2+s^2}}+\frac{s^2}{3\sqrt{\delta^2+s^2}^{\,3}}+\frac{2}{3}\,\frac{1}{|s|}\right]$$

$$- \frac{15(\lambda+\mu)(\mu+\varkappa)}{\lambda+2\mu}\,\pi\alpha_{k3}(\mathring{\nu}_{1,1}+\mathring{\nu}_{2,2})\,s^3\left[-\frac{\delta^2}{3\sqrt{\delta^2+s^2}^{\,5}}-\frac{2}{15}\,\frac{s^2}{\sqrt{\delta^2+s^2}^{\,5}}+\frac{2}{15}\,\frac{1}{|s|^3}\right]+O(\delta)\,,$$

also ist

$$\{\boldsymbol{n}_{Q_0} \cdot \mathcal{T}(\boldsymbol{n}_{Q_0}) \overset{\varkappa}{\boldsymbol{W}}{}^t(Q_0, \boldsymbol{e}_k)\}^{\pm} - \boldsymbol{n}_{Q_0} \cdot \mathcal{T}(\boldsymbol{n}_{Q_0}) \overset{\varkappa}{\boldsymbol{W}}{}^t(Q_0, \boldsymbol{e}_k)$$
$$= (\varkappa - \mu)\, \alpha_{k3}(\mathring{\nu}_{1,1} + \mathring{\nu}_{2,2}) = (\mu - \varkappa)\, \alpha_{k3}(\mathring{\Phi}_{,11} + \mathring{\Phi}_{,22}) .$$

Aus Satz 4.7 und Satz 4.3 folgt somit

Satz 4.10: *Sei $S \subset \Lambda_3$, $\varphi_k \subset C^{1,\beta}(S)$, dann gilt*

$$\{\boldsymbol{n}_{Q_0} \cdot \mathcal{T}(\boldsymbol{n}_{Q_0}) \boldsymbol{W}^t(Q_0, \varphi_k \boldsymbol{e}_k)\}^{\pm} = \frac{1}{2\pi} \int\limits_S \boldsymbol{n}_{Q_0} \cdot \mathcal{T}(\boldsymbol{n}_{Q_0}) \mathcal{T}^t(\boldsymbol{n}_Q)\, \Gamma(Q_0, Q)\, \boldsymbol{e}_k \varphi_k(Q)\, \mathrm{d}S_Q \subset C^{0,\beta}(S) . \qquad (4.59)$$

Wir kommen jetzt zur Vereinfachung von (4.52). Für die einzelnen Summanden von $\overset{\varkappa}{l}(P, Q)$ gilt:

1. $$\int\limits_{S(Q_0,\delta)} \frac{(\boldsymbol{n}_{Q_0} \cdot \boldsymbol{n}_Q)^2 - 1}{r_{PQ}^3}\, \mathrm{d}S_Q = O(\delta) ,$$

2. $$\int\limits_{S(Q_0,\delta)} \frac{1 - \boldsymbol{n}_{Q_0} \cdot \boldsymbol{n}_Q}{r_{PQ}^3}\, \mathrm{d}S_Q = O(\delta) ,$$

3. $$\int\limits_{S(Q_0,\delta)} \frac{\sum\limits_{l=1}^{3} (x - \xi_l)\, n_l(Q_0) \sum\limits_{l=1}^{3} (x - \xi_l)\, n(Q)}{r_{PQ}^5}\, \mathrm{d}S_Q$$
$$= \int\limits_0^{2\pi}\int\limits_0^{\delta} \frac{(s - \Phi)^2}{\sqrt{\varrho^2 + (s - \Phi)^2}^5}\, \varrho\, \mathrm{d}\varrho\, \mathrm{d}\theta - \pi(\mathring{\nu}_{1,1} + \mathring{\nu}_{2,2})\, s \int\limits_0^{\delta} \frac{\varrho^3}{\sqrt{\varrho^2 + s^2}^5}\, \mathrm{d}\varrho + O(\delta) ,$$

4. $$\int\limits_{S(Q_0,\delta)} \frac{\left[\sum\limits_{l=1}^{3} (x_l - \xi_l)\, n_l(Q_0)\right]^2}{r_{PQ}^5}\, \mathrm{d}S_Q = \int\limits_0^{2\pi}\int\limits_0^{\delta} \frac{(s - \Phi)^2}{\sqrt{\varrho^2 + (s - \Phi)^2}^5}\, \varrho\, \mathrm{d}\varrho\, \mathrm{d}\theta + O(\delta) ,$$

5. $$\int\limits_{S(Q_0,\delta)} \frac{\left[\sum\limits_{l=1}^{3} (x_l - \xi_l)\, n_l(Q)\right]^2}{r_{PQ}^5}\, \mathrm{d}S_Q = \int\limits_0^{2\pi}\int\limits_0^{\delta} \frac{(s - \Phi)^2}{\sqrt{\varrho^2 + (s - \Phi)^2}^5}\, \varrho\, \mathrm{d}\varrho\, \mathrm{d}\theta$$
$$- 2\pi(\mathring{\nu}_{1,1} + \mathring{\nu}_{2,2})\, s \int\limits_0^{\delta} \frac{\varrho^3}{\sqrt{\varrho^2 + s^2}^5}\, \mathrm{d}\varrho + O(\delta) ,$$

6. $$\int\limits_{S(Q_0,\delta)} \frac{\boldsymbol{n}_{Q_0} \cdot \boldsymbol{n}_Q \sum\limits_{l=1}^{3} (x_l - \xi_l)\, n_l(Q_0) \sum\limits_{l=1}^{3} (x_l - \xi_l)\, n_l(Q)}{r_{PQ}^5}\, \mathrm{d}S_Q$$
$$= \int\limits_0^{2\pi}\int\limits_0^{\delta} \frac{(s - \Phi)^2}{\sqrt{\varrho^2 + (s - \Phi)^2}^5}\, \varrho\, \mathrm{d}\varrho\, \mathrm{d}\theta - \pi(\mathring{\nu}_{1,1} + \mathring{\nu}_{2,2})\, s \int\limits_0^{\delta} \frac{\varrho^3}{\sqrt{\varrho^2 + s^2}^5}\, \mathrm{d}\varrho + O(\delta) ,$$

7. $$\int\limits_{S(Q_0,\delta)} \frac{\left[\sum\limits_{l=1}^{3} (x_l - \xi_l)\, n_l(Q_0)\right]^2 \left[\sum\limits_{l=1}^{3} (x_l - \xi_l)\, n_l(Q)\right]^2}{r_{PQ}^7}\, \mathrm{d}S_Q$$
$$= \int\limits_0^{2\pi}\int\limits_0^{\delta} \frac{(s - \Phi)^4}{\sqrt{\varrho^2 + (s - \Phi)^2}^7}\, \varrho\, \mathrm{d}\varrho\, \mathrm{d}\theta - 2\pi(\mathring{\nu}_{1,1} + \mathring{\nu}_{2,2})\, s^3 \int\limits_0^{\delta} \frac{\varrho^3}{\sqrt{\varrho^2 + s^2}^7}\, \mathrm{d}\varrho + O(\delta) .$$

Daraus folgt

$$\int\limits_{S(Q_0,\delta)} \overset{\varkappa}{l}(P,Q)\,\mathrm{d}S_Q$$

$$= \frac{3(\lambda+\mu)(\mu+\varkappa)}{\lambda+2\mu}\left[3\int\limits_0^{2\pi}\int\limits_0^{\delta}\frac{(s-\Phi)^2}{\sqrt{\varrho^2+(s-\Phi)^2}^5}\,\varrho\,\mathrm{d}\varrho\,\mathrm{d}\theta - 5\int\limits_0^{2\pi}\int\limits_0^{\delta}\frac{(s-\Phi)^4}{\sqrt{\varrho^2+(s-\Phi)^2}^7}\,\varrho\,\mathrm{d}\varrho\,\mathrm{d}\theta\right]$$

$$-3\,\frac{5\mu^2+4\lambda\mu+2\lambda\varkappa+\mu\varkappa}{\lambda+2\mu}\,\pi(\mathring{\nu}_{1,1}+\mathring{\nu}_{2,2})\,s\int\limits_0^{\delta}\frac{\varrho^3}{\sqrt{\varrho^2+s^2}^5}\,\mathrm{d}\varrho$$

$$+\frac{30(\lambda+\mu)(\mu+\varkappa)}{\lambda+2\mu}\,\pi(\mathring{\nu}_{1,1}+\mathring{\nu}_{2,2})\,s^3\int\limits_0^{\delta}\frac{\varrho^3}{\sqrt{\varrho^2+s^2}^7}\,\mathrm{d}\varrho + O(\delta)\,.$$

Man findet nun durch TAYLOR-Entwicklung und unter Beachtung von (4.57)

$$\frac{3(s-\Phi)^2}{\sqrt{\varrho^2+(s-\Phi)^2}^5}-\frac{5(s-\Phi)^4}{\sqrt{\varrho^2+(s-\Phi)^2}^7}=\frac{3s^2}{\sqrt{\varrho^2+s^2}^5}-\frac{5s^4}{\sqrt{\varrho^2+s^2}^7}$$

$$+\left(\frac{1}{2}\,y_1^2\mathring{\Phi}_{,11}+y_1y_2\mathring{\Phi}_{,12}+\frac{1}{2}\,y_2^2\mathring{\Phi}_{,22}\right)\frac{-6s\varrho^4+23s^3\varrho^2-6s^5}{\sqrt{\varrho^2+s^2}^9}+o\left(\frac{1}{\varrho}\right).$$

Also ist

$$\int\limits_{S(Q_0,\delta)} \overset{\varkappa}{l}(P,Q)\,\mathrm{d}S_Q = \frac{3(\lambda+\mu)(\mu+\varkappa)}{\lambda+2\mu}\,2\pi\int\limits_0^{\delta}\left[\frac{3s^2}{\sqrt{\varrho^2+s^2}^5}-\frac{5s^4}{\sqrt{\varrho^2+s^2}^7}\right]\varrho\,\mathrm{d}\varrho$$

$$+\frac{3(\lambda+\mu)(\mu+\varkappa)}{\lambda+2\mu}\,\frac{\pi}{2}\,(\mathring{\Phi}_{,11}+\mathring{\Phi}_{,22})\int\limits_0^{\delta}\frac{-6s\varrho^4+23s^3\varrho^2-6s^5}{\sqrt{\varrho^2+s^2}^9}\,\varrho^3\,\mathrm{d}\varrho$$

$$-3\,\frac{5\mu^2+4\lambda\mu+2\lambda\varkappa+\mu\varkappa}{\lambda+2\mu}\,\pi(\mathring{\nu}_{1,1}+\mathring{\nu}_{2,2})\,s\int\limits_0^{\delta}\frac{\varrho^3}{\sqrt{\varrho^2+s^2}^5}\,\mathrm{d}\varrho$$

$$+\frac{30(\lambda+\mu)(\mu+\varkappa)}{\lambda+2\mu}\,\pi(\mathring{\nu}_{1,1}+\mathring{\nu}_{2,2})\,s^3\int\limits_0^{\delta}\frac{\varrho^3}{\sqrt{\varrho^2+s^2}^7}\,\mathrm{d}\varrho + O(\delta)\,.$$

Alle Integrale auf der rechten Seite kann man ausrechnen. Es ist

$$\int\limits_0^{\delta}\left[\frac{3s^2}{\sqrt{\varrho^2+s^2}^5}-\frac{5s^4}{\sqrt{\varrho^2+s^2}^7}\right]\varrho\,\mathrm{d}\varrho = -\frac{s^2}{\sqrt{\delta^2+s^2}^3}+\frac{s^4}{\sqrt{\delta^2+s^2}^5}$$

und

$$\int\limits_0^{\delta}\frac{-6s\varrho^4+23s^3\varrho^2-6s^5}{\sqrt{\varrho^2+s^2}^9}\,\varrho^3\,\mathrm{d}\varrho = 6\,\frac{s}{\sqrt{\varrho^2+s^2}}-\frac{41}{3}\,\frac{s^3}{\sqrt{\delta^2+s^2}^3}$$

$$+14\,\frac{s^5}{\sqrt{\delta^2+s^2}^5}-5\,\frac{s^7}{\sqrt{\delta^2+s^2}^7}-\frac{4}{3}\,\frac{s}{|s|}\,,$$

die beiden restlichen Integrale kamen bereits oben vor. Beachtet man noch $\mathring{v}_{1,1} + \mathring{v}_{2,2} = -(\mathring{\Phi}_{,11} + \mathring{\Phi}_{,22})$, dann erhält man

$$\left\{\int_S \overset{\varkappa}{l}(Q_0, Q)\, dS_Q\right\}^{\pm} - \int_S \overset{\varkappa}{l}(Q_0, Q)\, dS_Q = 2\pi(\varkappa - \mu)\, (\mathring{\Phi}_{,11} + \mathring{\Phi}_{,22})\,.$$

Somit haben wir den

Satz 4.11: *Sei $S \subset \Lambda_3$, $f \subset C^{1,\beta}(S)$, dann gilt*

$$\{\boldsymbol{n}_{Q_0} \cdot \mathcal{T}(\boldsymbol{n}_{Q_0})\, \boldsymbol{W}^{\boldsymbol{n}}(Q_0, f\boldsymbol{n})\}^{\pm} = \frac{2\mu(\lambda + \mu)}{\lambda + 2\mu} \left\{\frac{1}{2\pi} \int_S \frac{\partial^2}{\partial n_{Q_0}\, \partial n_Q} \frac{1}{r_{Q_0Q}} f(Q)\, dS_Q\right\}^{\pm}$$
$$+ \frac{1}{2\pi} \int_S l(Q_0, Q)\, f(Q)\, dS_Q\,. \tag{4.60}$$

5. Integralgleichungen und Fredholmsche Sätze

In diesem Abschnitt stellen wir die Integralgleichungen zur Lösung der Probleme G und H auf und beweisen für diese die FREDHOLMschen Sätze. Wir betrachten die Potentiale

$$\underset{(p)}{\boldsymbol{W}^{\boldsymbol{z}}}(P, \boldsymbol{\varphi}) = \frac{1}{2\pi} \int_{S_p} \underset{(p)}{\mathcal{T}^{\boldsymbol{z}}}(\boldsymbol{n}_Q)\, \underset{(p)}{\Gamma}(P, Q)\, \boldsymbol{\varphi}(Q)\, dS_Q\,,$$

$$\underset{(p)}{\boldsymbol{V}^{\boldsymbol{z}}}(P, \boldsymbol{\varphi}) = \frac{1}{2\pi} \int_{S_p} \mathcal{E}^{\boldsymbol{z}}(\boldsymbol{n}_Q)\, \underset{(p)}{\Gamma}(P, Q)\, \boldsymbol{\varphi}(Q)\, dS_Q\,, \qquad \boldsymbol{z} = \boldsymbol{n}, \boldsymbol{t}\,, \qquad p = 0, \dots, N\,.$$

In allen diesen Potentialen ist für einen Punkt $Q \in S_q \subset S$, $q = 1, \dots, N$, der Einheitsvektor $\boldsymbol{n}_Q$ äußerer Normalenvektor von S_q.

Für das Problem G manchen wir den Ansatz

$$\boldsymbol{u}(P) = \underset{(0)}{\boldsymbol{V}^{\boldsymbol{t}}}(P, \boldsymbol{\varphi}^-) + \underset{(0)}{\boldsymbol{V}^{\boldsymbol{n}}}(P, d\boldsymbol{n}) + B_0 \underset{(0)}{\boldsymbol{W}^{\boldsymbol{n}}}(P, f\boldsymbol{n}) \quad \text{für} \quad P \in D_0\,,$$
$$\boldsymbol{u}(P) = \underset{(q)}{\boldsymbol{V}^{\boldsymbol{t}}}(P, \boldsymbol{\varphi}^+) + \underset{(q)}{\boldsymbol{V}^{\boldsymbol{n}}}(P, d\boldsymbol{n}) + B_q \underset{(q)}{\boldsymbol{W}^{\boldsymbol{n}}}(P, f\boldsymbol{n}) \quad \text{für} \quad P \in D_q\,, \quad q = 1, \dots, N\,, \tag{5.1}$$

der a priori (2.4) erfüllt, Die vektoriellen Dichten $\boldsymbol{\varphi}^+$, $\boldsymbol{\varphi}^-$ und die skalaren Dichten d, f ergeben sich aus einem singulären Integralgleichungssystem, das jetzt aufgestellt wird.

Aus (2.5a), (4.28), (4.30), (4.58), (4.23) folgt

$$-\boldsymbol{\varphi}^-(Q_0) + \frac{1}{2\pi} \int_S \underset{(0)}{\mathcal{T}^{\boldsymbol{t}}}(\boldsymbol{n}_{Q_0})\, \mathcal{E}^{\boldsymbol{t}}(\boldsymbol{n}_Q)\, \underset{(0)}{\Gamma}(Q_0, Q)\, \boldsymbol{\varphi}^-(Q)\, dS_Q + \frac{1}{2\pi} \int_S \underset{(0)}{\mathcal{T}^{\boldsymbol{t}}}(\boldsymbol{n}_{Q_0})\, \underset{(0)}{\Gamma}(Q_0, Q)\, \boldsymbol{n}_Q\, d(Q)\, dS_Q$$
$$+ B_0 \frac{1}{2\pi} \int_S \underset{(0)}{\mathcal{T}^{\boldsymbol{t}}}(\boldsymbol{n}_{Q_0})\, \underset{(0)}{\mathcal{T}^{\boldsymbol{n}}}(\boldsymbol{n}_Q)\, \underset{(0)}{\Gamma}(Q_0, Q)\, \boldsymbol{n}_Q f(Q)\, dS_Q = \boldsymbol{h}^-(Q_0)\,, \qquad Q_0 \in S\,. \tag{5.2a}$$

Aus (2.5b), (4.28), (4.30), (4.58), (4.23) folgt

$$+\boldsymbol{\varphi}^+(Q_0) + \frac{1}{2\pi} \int_{S_q} \underset{(q)}{\mathcal{T}^{\boldsymbol{t}}}(\boldsymbol{n}_{Q_0})\, \mathcal{E}^{\boldsymbol{t}}(\boldsymbol{n}_Q)\, \underset{(q)}{\Gamma}(Q_0, Q)\, \boldsymbol{\varphi}^+(Q)\, dS_Q + \frac{1}{2\pi} \int_{S_q} \underset{(q)}{\mathcal{T}^{\boldsymbol{t}}}(\boldsymbol{n}_{Q_0})\, \underset{(q)}{\Gamma}(Q_0, Q)\, \boldsymbol{n}_Q d(Q)\, dS_Q$$
$$+ B_q \frac{1}{2\pi} \int_{S_q} \underset{(q)}{\mathcal{T}^{\boldsymbol{t}}}(\boldsymbol{n}_{Q_0})\, \underset{(q)}{\mathcal{T}^{\boldsymbol{n}}}(\boldsymbol{n}_Q)\, \underset{(q)}{\Gamma}(Q_0, Q)\, \boldsymbol{n}_Q f(Q)\, dS_Q = \boldsymbol{h}^+(Q_0)\,, \qquad Q_0 \in S_q\,. \tag{5.26}$$

Aus (2.5c), (4.29), (4.31), (4.60), (4.23) folgt, wenn wir

$$B_0 = 1\,, \qquad B_q = \frac{\mu_0(\lambda_0 + \mu_0)}{\lambda_0 + 2\mu_0}\,\frac{\lambda_q + 2\mu_q}{\mu_q(\lambda_q + \mu_q)} \tag{5.3}$$

wählen und den Satz über den stetigen Durchgang der Normalableitung des klassischen Potentials der Doppelbelegung beachten

$$\begin{aligned}
&-\frac{1}{2\pi}\int_S \boldsymbol{n}_{Q_0}\cdot \underset{(0)}{\mathcal{T}^n}(\boldsymbol{n}_{Q_0})\, \underset{(0)}{\mathcal{E}^t}(\boldsymbol{n}_Q)\, \Gamma(Q_0, Q)\, \boldsymbol{\varphi}^-(Q)\, \mathrm{d}S_Q + \frac{1}{2\pi}\int_{S_q} \boldsymbol{n}_{Q_0}\cdot \underset{(q)}{\mathcal{T}^n}(\boldsymbol{n}_{Q_0})\, \underset{(q)}{\mathcal{E}^t}(\boldsymbol{n}_Q)\, \Gamma(Q_0, Q)\, \boldsymbol{\varphi}^+(Q)\, \mathrm{d}S_Q \\
&+ 2d(Q_0) + \frac{1}{2\pi}\int_{S_q} \boldsymbol{n}_{Q_0}\cdot \underset{(q)}{\mathcal{T}^n}(\boldsymbol{n}_{Q_0})\, \underset{(q)}{\Gamma}(Q_0, Q)\, \boldsymbol{n}_Q d(Q)\, \mathrm{d}S_Q - \frac{1}{2\pi}\int_S \boldsymbol{n}_{Q_0}\cdot \underset{(0)}{\mathcal{T}^n}(\boldsymbol{n}_{Q_0})\, \underset{(0)}{\Gamma}(Q_0, Q)\, \boldsymbol{n}_Q d(Q)\, \mathrm{d}S_Q \\
&+ B_q\frac{1}{2\pi}\int_{S_q} \underset{(q)}{l}(Q_0, Q) f(Q)\, \mathrm{d}S_Q - B_0\frac{1}{2\pi}\int_S \underset{(0)}{l}(Q_0, Q) f(Q)\, \mathrm{d}S_Q \\
&- B_0\frac{2\mu_0(\lambda_0 + \mu_0)}{\lambda_0 + 2\mu_0}\,\frac{1}{2\pi}\int_{S\setminus S_q} \frac{\partial^2}{\partial n_{Q_0}\,\partial n_Q}\,\frac{1}{r_{Q_0Q}} f(Q)\, \mathrm{d}S_Q = k(Q_0)\,, \qquad Q_0 \in S_q\,.
\end{aligned} \tag{5.2c}$$

Aus (2.5d), (4.14), (4.23) und dem stetigen Durchgang des Potentials der einfachen Schicht folgt

$$\begin{aligned}
&-\frac{1}{2\pi}\int_S \boldsymbol{n}_{Q_0}\cdot \mathcal{E}^t(\boldsymbol{n}_Q)\, \underset{(0)}{\Gamma}(Q_0, Q)\, \boldsymbol{\varphi}^-(Q)\, \mathrm{d}S_Q + \frac{1}{2\pi}\int_{S_q} \boldsymbol{n}_{Q_0}\cdot \mathcal{E}^t(\boldsymbol{n}_Q)\, \underset{(q)}{\Gamma}(Q_0, Q)\, \boldsymbol{\varphi}^+(Q)\, \mathrm{d}S_Q \\
&+ \frac{1}{2\pi}\int_{S_q} \boldsymbol{n}_{Q_0}\cdot \underset{(q)}{\Gamma}(Q_0, Q)\, \boldsymbol{n}_Q d(Q)\, \mathrm{d}S_Q - \frac{1}{2\pi}\int_S \boldsymbol{n}_{Q_0}\cdot \underset{(0)}{\Gamma}(Q_0, Q)\, \boldsymbol{n}_Q d(Q)\, \mathrm{d}S_Q \\
&- (B_q + B_0) f(Q_0) + B_q\frac{1}{2\pi}\int_{S_q} \boldsymbol{n}_{Q_0}\cdot \underset{(q)}{\mathcal{T}^n}(\boldsymbol{n}_Q)\, \underset{(q)}{\Gamma}(Q_0, Q)\, \boldsymbol{n}_Q f(Q)\, \mathrm{d}S_Q \\
&- B_0\frac{1}{2\pi}\int_S \boldsymbol{n}_{Q_0}\cdot \underset{(0)}{\mathcal{T}^n}(\boldsymbol{n}_Q)\, \underset{(0)}{\Gamma}(Q_0, Q)\, \boldsymbol{n}_Q f(Q)\, \mathrm{d}S_Q = g(Q_0)\,, \qquad Q_0 \in S_q\,.
\end{aligned} \tag{5.2d}$$

Führen wir die Vektoren

$$\boldsymbol{\varphi} = (\varphi_1, \dots, \varphi_8)^T = (\varphi_1^-, \varphi_2^-, \varphi_3^-, \varphi_1^+, \varphi_2^+, \varphi_3^+, d, f)^T\,,$$
$$\boldsymbol{f} = (f_1, \dots, f_8)^T = (h_1^-, h_2^-, h_3^-, h_1^+, h_2^+, h_3^+, k, g)^T$$

ein, dann kann das System (5.2) geschrieben werden

$$\sum_{j=1}^{8} \mathcal{K}_{kj}(\varphi_j) \equiv \sum_{j=1}^{8} a_{kj}(Q_0)\, \varphi_j(Q_0) + \frac{1}{2\pi}\int_S \sum_{j=1}^{8} k_{kj}(Q_0, Q)\, \varphi_j(Q)\, \mathrm{d}S_Q = f_k(Q_0)\,, \qquad k = 1, \dots, 8$$

oder in Matrizenschreibweise

$$\mathcal{K}(\boldsymbol{\varphi}) = \boldsymbol{f}\,. \tag{5.4}$$

Dabei ist

$$(a_{kj}(Q_0)) = \begin{pmatrix}
-1 & 0 & 0 & 0 & 0 & 0 & 0 & 0 \\
0 & -1 & 0 & 0 & 0 & 0 & 0 & 0 \\
0 & 0 & -1 & 0 & 0 & 0 & 0 & 0 \\
0 & 0 & 0 & 1 & 0 & 0 & 0 & 0 \\
0 & 0 & 0 & 0 & 1 & 0 & 0 & 0 \\
0 & 0 & 0 & 0 & 0 & 1 & 0 & 0 \\
0 & 0 & 0 & 0 & 0 & 0 & 2 & 0 \\
0 & 0 & 0 & 0 & 0 & 0 & 0 & -1 - B_q
\end{pmatrix}, \qquad Q_0 \in S_q$$

$$k_{kj}(Q_0, Q) = \big(\underset{(0)}{\mathcal{T}^t}(\mathbf{n}_{Q_0})\, \mathcal{E}^t(\mathbf{n}_Q)\, \underset{(0)}{\Gamma}(Q_0, Q)\big)_{kj}\,, \qquad k, j = 1, 2, 3\,,$$

$$k_{kj}(Q_0, Q) = 0\,, \qquad k = 1, 2, 3\,, \qquad j = 4, 5, 6\,,$$

$$k_{k7}(Q_0, Q) = \underset{(0)}{\mathcal{T}^t}(\mathbf{n}_{Q_0})\, \underset{(0)}{\Gamma}(Q_0, Q)\, \mathbf{n}_Q \cdot \mathbf{e}_k\,, \qquad k = 1, 2, 3\,,$$

$$k_{k8}(Q_0, Q) = \underset{(0)}{\mathcal{T}^t}(\mathbf{n}_{Q_0})\, \underset{(0)}{\mathcal{T}^n}(\mathbf{n}_Q)\, \underset{(0)}{\Gamma}(Q_0, Q)\, \mathbf{n}_Q \cdot \mathbf{e}_k\,, \qquad k = 1, 2, 3\,,$$

$$k_{kj}(Q_0, Q) = 0\,, \qquad k = 4, 5, 6\,, \qquad j = 1, 2, 3\,,$$

$$k_{kj}(Q_0, Q) = \begin{cases} \big(\underset{(q)}{\mathcal{T}^t}(\mathbf{n}_{Q_0})\, \mathcal{E}^t(\mathbf{n}_Q)\, \underset{(q)}{\Gamma}(Q_0, Q)\big)_{k-3, j-3} & \text{für} \quad Q_0, Q \in S_q \\ 0 \quad \text{sonst} & \end{cases}, \qquad k, j = 4, 5, 6,$$

$$k_{k7}(Q_0, Q) = \begin{cases} \underset{(q)}{\mathcal{T}^t}(\mathbf{n}_{Q_0})\, \underset{(q)}{\Gamma}(Q_0, Q)\, \mathbf{n}_Q \cdot \mathbf{e}_{k-3} & \text{für} \quad Q_0, Q \in S_q \\ 0 \quad \text{sonst} & \end{cases}, \qquad k = 4, 5, 6\,,$$

$$k_{k8}(Q_0, Q) = \begin{cases} B_q \underset{(q)}{\mathcal{T}^t}(\mathbf{n}_{Q_0})\, \underset{(q)}{\mathcal{T}^n}(\mathbf{n}_Q)\, \underset{(q)}{\Gamma}(Q_0, Q)\, \mathbf{n}_Q \cdot \mathbf{e}_{k-3} & \text{für} \quad Q_0, Q \in S_q \\ 0 \quad \text{sonst} & \end{cases}, \qquad k = 4, 5, 6\,,$$

$$k_{7j}(Q_0, Q) = -\mathbf{n}_{Q_0} \cdot \underset{(0)}{\mathcal{T}^n}(\mathbf{n}_{Q_0})\, \mathcal{E}^t(\mathbf{n}_Q)\, \underset{(0)}{\Gamma}(Q_0, Q)\, \mathbf{e}_j\,, \qquad j = 1, 2, 3\,,$$

$$k_{7j}(Q_0, Q) = \begin{cases} \mathbf{n}_{Q_0} \cdot \underset{(q)}{\mathcal{T}^n}(\mathbf{n}_{Q_0})\, \mathcal{E}^t(\mathbf{n}_Q)\, \underset{(q)}{\Gamma}(Q_0, Q)\, \mathbf{e}_{j-3} & \text{für} \quad Q_0, Q \in S_q \\ 0 \quad \text{sonst} & \end{cases}, \qquad j = 4, 5, 6\,,$$

$$k_{77}(Q_0, Q) = \begin{cases} \mathbf{n}_{Q_0} \cdot \big(\underset{(q)}{\mathcal{T}^n}(\mathbf{n}_{Q_0})\, \underset{(q)}{\Gamma}(Q_0, Q)\, \mathbf{n}_Q - \underset{(0)}{\mathcal{T}^n}(\mathbf{n}_{Q_0})\, \underset{(0)}{\Gamma}(Q_0, Q)\, \mathbf{n}_Q\big) & \text{für} \quad Q_0, Q \in S_q \\ -\mathbf{n}_{Q_0} \cdot \underset{(0)}{\mathcal{T}^n}(\mathbf{n}_{Q_0})\, \underset{(0)}{\Gamma}(Q_0, Q)\, \mathbf{n}_Q \quad \text{sonst} & \end{cases}$$

$$k_{78}(Q_0, Q) = \begin{cases} B_q \underset{(q)}{l}(Q_0, Q) - \underset{(0)}{l}(Q_0, Q) \quad \text{für} \quad Q_0, Q \in S_q \\ -\dfrac{2\mu_0(\lambda_0 + \mu_0)}{\lambda_0 + 2\mu_0} \dfrac{\partial^2}{\partial n_{Q_0}\, \partial n_Q} \dfrac{1}{r_{Q_0 Q}} - \underset{(0)}{l}(Q_0, Q) \quad \text{sonst} \end{cases}$$

$$k_{8j}(Q_0, Q) = -\mathbf{n}_{Q_0} \cdot \mathcal{E}^t(\mathbf{n}_Q)\, \underset{(0)}{\Gamma}(Q_0, Q)\, \mathbf{e}_j\,, \qquad j = 1, 2, 3\,,$$

$$k_{8j}(Q_0, Q) = \begin{cases} \mathbf{n}_{Q_0} \cdot \mathcal{E}^t(\mathbf{n}_Q)\, \underset{(q)}{\Gamma}(Q_0, Q)\, \mathbf{e}_{j-3} & \text{für} \quad Q_0,\ Q \in S_q \\ 0 \quad \text{sonst} & \end{cases} \qquad j = 4, 5, 6\,,$$

$$k_{87}(Q_0, Q) = \begin{cases} \mathbf{n}_{Q_0} \cdot \big(\underset{(q)}{\Gamma}(Q_0, Q)\, \mathbf{n}_Q - \underset{(0)}{\Gamma}(Q_0, Q)\, \mathbf{n}_Q\big) & \text{für} \quad Q_0, Q \in S_q \\ -\mathbf{n}_{Q_0} \cdot \underset{(0)}{\Gamma}(Q_0, Q)\, \mathbf{n}_Q \quad \text{sonst} & \end{cases}$$

$$k_{88}(Q_0, Q) = \begin{cases} \mathbf{n}_{Q_0} \cdot \big(B_q \underset{(q)}{\mathcal{T}^n}(\mathbf{n}_Q)\, \underset{(q)}{\Gamma}(Q_0, Q)\, \mathbf{n}_Q - \underset{(0)}{\mathcal{T}^n}(\mathbf{n}_Q)\, \underset{(0)}{\Gamma}(Q_0, Q)\, \mathbf{n}_Q\big) & \text{für} \quad Q_0, Q \in S_q \\ -\mathbf{n}_{Q_0} \cdot \underset{(0)}{\mathcal{T}^n}(\mathbf{n}_Q)\, \underset{(0)}{\Gamma}(Q_0, Q)\, \mathbf{n}_Q \quad \text{sonst}\,. & \end{cases}$$

Zur Aufstellung der symbolischen Matrix sind die folgenden Kerne noch explizit aufzuschreiben:

$$\left(\mathcal{T}^t(\boldsymbol{n}_P)\,\mathcal{E}^t(\boldsymbol{n}_Q)\,\Gamma(P,Q)\right)_{kj}$$

$$= -\frac{\mu}{\lambda+2\mu}\,\delta_{kj}\,\frac{\sum_{l=1}^{3}(x_l-\xi_l)\,n_l(P)}{r_{PQ}^3} + \frac{\mu}{\lambda+2\mu}\,\frac{n_k(Q)\,n_j(Q)\sum_{l=1}^{3}(x_l-\xi_l)\,n_l(P)}{r_{PQ}^3}$$

$$+ \frac{\mu}{\lambda+2\mu}\,\frac{(x_k-\xi_k)\left(n_j(Q)\,\boldsymbol{n}_P\cdot\boldsymbol{n}_Q - n_j(P)\right)}{r_{PQ}^3} + \frac{2\mu}{\lambda+2\mu}\,\frac{n_k(P)\,n_j(P)\sum_{l=1}^{3}(x_l-\xi_l)\,n_l(P)}{r_{PQ}^3}$$

$$- \frac{2\mu}{\lambda+2\mu}\,\frac{n_k(P)\,n_j(Q)\,\boldsymbol{n}_P\cdot\boldsymbol{n}_Q\sum_{l=1}^{3}(x_l-\xi_l)\,n_l(P)}{r_{PQ}^3} - \frac{3(\lambda+\mu)}{\lambda+2\mu}\,\frac{(x_k-\xi_k)\,(x_j-\xi_j)\sum_{l=1}^{3}(x_l-\xi_l)\,n_l(P)}{r_{PQ}^5}$$

$$+ \frac{3(\lambda+\mu)}{\lambda+2\mu}\,\frac{(x_k-\xi_k)\,n_j(Q)\sum_{l=1}^{3}(x_l-\xi_l)\,n_l(P)\sum_{l=1}^{3}(x_l-\xi_l)\,n_l(Q)}{r_{PQ}^5}$$

$$+ \frac{3(\lambda+\mu)}{\lambda+2\mu}\,\frac{n_k(P)\,(x_j-\xi_j)\left[\sum_{l=1}^{3}(x_l-\xi_l)\,n_l(P)\right]^2}{r_{PQ}^5}$$

$$- \frac{3(\lambda+\mu)}{\lambda+2\mu}\,\frac{n_k(P)\,n_j(Q)\left[\sum_{l=1}^{3}(x_l-\xi_l)\,n_l(P)\right]^2\sum_{l=1}^{3}(x_l-\xi_l)\,n_l(Q)}{r_{PQ}^5}, \tag{5.5}$$

$$\mathcal{T}^t(\boldsymbol{n}_P)\,\Gamma(P,Q)\,\boldsymbol{n}_Q\cdot\boldsymbol{e}_k$$

$$= -\frac{\mu}{\lambda+2\mu}\,\frac{(x_k-\xi_k)\,\boldsymbol{n}_P\cdot\boldsymbol{n}_Q}{r_{PQ}^3} - \frac{\mu}{\lambda+2\mu}\,\frac{n_k(Q)\sum_{l=1}^{3}(x_l-\xi_l)\,n_l(P)}{r_{PQ}^3}$$

$$+ \frac{2\mu}{\lambda+2\mu}\,\frac{n_k(P)\,\boldsymbol{n}_P\cdot\boldsymbol{n}_Q\sum_{l=1}^{3}(x_l-\xi_l)\,n_l(P)}{r_{PQ}^3}$$

$$- \frac{3(\lambda+\mu)}{\lambda+2\mu}\,\frac{(x_k-\xi_k)\sum_{l=1}^{3}(x_l-\xi_l)\,n_l(P)\sum_{l=1}^{3}(x_l-\xi_l)\,n_l(Q)}{r_{PQ}^5}$$

$$+ \frac{3(\lambda+\mu)}{\lambda+2\mu}\,\frac{n_k(P)\left[\sum_{l=1}^{3}(x_l-\xi_l)\,n_l(P)\right]^2\sum_{l=1}^{3}(x_l-\xi_l)\,n_l(Q)}{r_{PQ}^5}, \tag{5.6}$$

$$\boldsymbol{n}_P\cdot\mathcal{T}^n(\boldsymbol{n}_P)\,\mathcal{E}^t(\boldsymbol{n}_Q)\,\Gamma(P,Q)\,\boldsymbol{e}_j = \boldsymbol{n}_P\cdot\mathcal{T}(\boldsymbol{n}_P)\,\mathcal{E}^t(\boldsymbol{n}_Q)\,\Gamma(P,Q)\,\boldsymbol{e}_j$$

$$= \frac{\mu}{\lambda+2\mu}\,\frac{x_j-\xi_j}{r_{PQ}^3} - \frac{\mu}{\lambda+2\mu}\,\frac{n_j(Q)\sum_{l=1}^{3}(x_l-\xi_l)\,n_l(Q)}{r_{PQ}^3} - \frac{2\mu}{\lambda+2\mu}\,\frac{n_j(P)\sum_{l=1}^{3}(x_l-\xi_l)\,n_l(P)}{r_{PQ}^3}$$

$$+ \frac{2\mu}{\lambda+2\mu}\,\frac{n_j(Q)\,\boldsymbol{n}_P\cdot\boldsymbol{n}_Q\sum_{l=1}^{3}(x_l-\xi_l)\,n_l(P)}{r_{PQ}^3} - \frac{3(\lambda+\mu)}{\lambda+2\mu}\,\frac{(x_j-\xi_j)\left[\sum_{l=1}^{3}(x_l-\xi_l)\,n_l(P)\right]^2}{r_{PQ}^5}$$

$$+ \frac{3(\lambda+\mu)}{\lambda+2\mu}\,\frac{n_j(Q)\left[\sum_{l=1}^{3}(x_l-\xi_l)\,n_l(P)\right]^2\sum_{l=1}^{3}(x_l-\xi_l)\,n_l(Q)}{r_{PQ}^5}, \tag{5.7}$$

$$\boldsymbol{n}_P \cdot \mathcal{T}^n(\boldsymbol{n}_P)\,\Gamma(P,Q)\,\boldsymbol{n}_Q = \boldsymbol{n}_P \cdot \mathcal{T}(\boldsymbol{n}_P)\,\Gamma(P,Q)\,\boldsymbol{n}_Q$$

$$= \frac{\mu}{\lambda+2\mu}\,\frac{\sum_{l=1}^{3}(x_l-\xi_l)\,n_l(Q)}{r_{PQ}^3} - \frac{2\mu}{\lambda+2\mu}\,\frac{\boldsymbol{n}_P\cdot\boldsymbol{n}_Q \sum_{l=1}^{3}(x_l-\xi_l)\,n_l(P)}{r_{PQ}^3}$$

$$-\frac{3(\lambda+\mu)}{\lambda+2\mu}\,\frac{\left[\sum_{l=1}^{3}(x_l-\xi_l)\,n_l(P)\right]^2\sum_{l=1}^{3}(x_l-\xi_l)\,n_l(Q)}{r_{PQ}^5}, \tag{5.8}$$

$$\boldsymbol{n}_P \cdot \mathcal{T}^n(\boldsymbol{n}_Q)\,\Gamma(P,Q)\,\boldsymbol{n}_Q = \boldsymbol{n}_P \cdot \mathcal{T}(\boldsymbol{n}_Q)\,\Gamma(P,Q)\,\boldsymbol{n}_Q =$$

$$= -\frac{\mu}{\lambda+2\mu}\,\frac{\sum_{l=1}^{3}(x_l-\xi_l)\,n_l(P)}{r_{PQ}^3} + \frac{2\mu}{\lambda+2\mu}\,\frac{\boldsymbol{n}_P\cdot\boldsymbol{n}_Q \sum_{l=1}^{3}(x_l-\xi_l)\,n_l(Q)}{r_{PQ}^3}$$

$$+\frac{3(\lambda+\mu)}{\lambda+2\mu}\,\frac{\sum_{l=1}^{3}(x_l-\xi_l)\,n_l(P)\left[\sum_{l=1}^{3}(x_l-\xi_l)\,n_l(Q)\right]^2}{r_{PQ}^5}. \tag{5.9}$$

Man kann nun die symbolische Matrix des Operators $\mathcal{K}$ berechnen (vgl. [2], [4] S. 52—54). Man erhält für $Q_0 \in S_q$

$$\Sigma(Q_0,\theta) = \begin{pmatrix} -1 & 0 & 0 & 0 & 0 & 0 & \sigma_{17} & \sigma_{18} \\ 0 & -1 & 0 & 0 & 0 & 0 & \sigma_{27} & \sigma_{28} \\ 0 & 0 & -1 & 0 & 0 & 0 & \sigma_{37} & \sigma_{38} \\ 0 & 0 & 0 & 1 & 0 & 0 & \sigma_{47} & \sigma_{48} \\ 0 & 0 & 0 & 0 & 1 & 0 & \sigma_{57} & \sigma_{58} \\ 0 & 0 & 0 & 0 & 0 & 1 & \sigma_{67} & \sigma_{68} \\ \sigma_{71} & \sigma_{72} & \sigma_{73} & \sigma_{74} & \sigma_{75} & \sigma_{76} & 2 & \sigma_{78} \\ 0 & 0 & 0 & 0 & 0 & 0 & 0 & -1-B_q \end{pmatrix},$$

$$\sigma_{17}(Q_0,\theta) = \frac{\mu_0}{\lambda_0+2\mu_0}\,i(\alpha_{11}\cos\theta + \alpha_{12}\sin\theta)\,,$$

$$\sigma_{27}(Q_0,\theta) = \frac{\mu_0}{\lambda_0+2\mu_0}\,i(\alpha_{21}\cos\theta + \alpha_{22}\sin\theta)\,,$$

$$\sigma_{37}(Q_0,\theta) = \frac{\mu_0}{\lambda_0+2\mu_0}\,i(\alpha_{31}\cos\theta + \alpha_{32}\sin\theta)\,,$$

$$\sigma_{47}(Q_0,\theta) = \frac{\mu_q}{\lambda_q+2\mu_q}\,i(\alpha_{11}\cos\theta + \alpha_{12}\sin\theta)\,,$$

$$\sigma_{57}(Q_0,\theta) = \frac{\mu_q}{\lambda_q+2\mu_q}\,i(\alpha_{21}\cos\theta + \alpha_{22}\sin\theta)\,,$$

$$\sigma_{67}(Q_0,\theta) = \frac{\mu_q}{\lambda_q+2\mu_q}\,i(\alpha_{31}\cos\theta + \alpha_{32}\sin\theta)\,,$$

$\sigma_{71} = \sigma_{17}$, $\sigma_{72} = \sigma_{27}$, $\sigma_{73} = \sigma_{37}$, $\sigma_{74} = -\sigma_{47}$, $\sigma_{75} = -\sigma_{57}$, $\sigma_{76} = -\sigma_{67}$. Die Symbole $\sigma_{18}, \ldots, \sigma_{78}$ interessieren für die Berechnung der symbolischen Determinante nicht und werden deshalb nicht mit aufgeschrieben.

Für die symbolische Determinante erhält man

$$\det \Sigma(Q_0,\theta) = -(1+B_q)\left(2 - \frac{\mu_0^2}{(\lambda_0+2\mu_0)^2} - \frac{\mu_q^2}{(\lambda_q+2\mu_q)^2}\right), \qquad Q_0 \in S_q\,,$$

also ist $\det \Sigma(Q_0,\theta) \neq 0$ unter den in der Elastizitätstheorie üblichen Voraussetzungen $\lambda_p \geqq 0$, $\mu_p > 0$. Außerdem sind die Minoren $\delta_1, \ldots, \delta_7$ (vgl. [4], Satz 1.6) ungleich Null. Analoge Untersuchungen wie in [4], S. 27—39, zeigen, daß unter der Voraussetzung $S \subset \Lambda_3$ der Operator $\mathcal{K}$ zur Klasse $\overset{*}{G}(2,\alpha,\alpha)$, $0 < \alpha \leqq \frac{1}{2}$, gehört. Beachten wir noch den Einbettungssatz 4.13.4 in [2], Satz 4.4 und die Tatsache, daß die Gleichung (5.2d) eine FREDHOLMsche Integralgleichung für $f(Q)$ ist, dann folgt der

Satz 5.1: *Sei $S \subset \Lambda_3$. Dann ist $\mathcal{K}$ (5.4) ein linearer beschränkter Operator von $L_2^{(8)}(S)$ in sich. Das System (5.4) ist normal auflösbar und hat den Index Null (d. h. $\mathcal{K}$ ist* NOETHER-*Operator mit Index Null). Falls $\boldsymbol{h}^+, \boldsymbol{h}^-, k \subset C^{0,\beta}(S)$, $g \subset C^{1,\beta}(S)$, dann gilt für jede Lösung $\varphi \subset L_2^{(8)}(S)$ von $\mathcal{K}(\varphi) = \boldsymbol{f}$, daß $\boldsymbol{\varphi}^-, \boldsymbol{\varphi}^+, \boldsymbol{d} \subset C^{0,\alpha}(S)$, $f \subset C^{1,\alpha}(S)$, $0 < \alpha < \frac{1}{2}, \alpha \leqq \beta$.*

Für die Untersuchung des Systems (5.4) muß man das adjungierte homogene System $\mathcal{K}^*(\boldsymbol{\psi}) = \boldsymbol{0}$ hinzuziehen, das ausgeschrieben die Gestalt

$$\sum_{j=1}^{8} a_{kj}^*(Q_0)\,\psi_j(Q_0) + \frac{1}{2\pi}\int\limits_S \sum_{j=1}^{8} k_{kj}^*(Q_0, Q)\,\psi_j(Q)\,\mathrm{d}S_Q = 0\,, \qquad k = 1, \dots, 8\,,$$

hat, wobei $a_{kj}^*(Q_0) = a_{jk}(Q_0)$ und $k_{kj}^*(Q_0, Q) = k_{jk}(Q, Q_0)$ ist. Setzen wir $\boldsymbol{\psi} = (\psi_1^-, \psi_2^-, \psi_3^-, \psi_1^+, \psi_2^+, \psi_3^+, d^*, f^*)^T$ dann kann dieses System in der folgenden Form geschrieben werden:

$$\begin{aligned}
&-\boldsymbol{\psi}^-(Q_0) + \frac{1}{2\pi}\int\limits_S \mathcal{E}^t(\boldsymbol{n}_{Q_0}) \underset{(0)}{\mathcal{T}^t}(\boldsymbol{n}_Q) \underset{(0)}{\Gamma}(Q_0, Q)\,\boldsymbol{\psi}^-(Q)\,\mathrm{d}S_Q \\
&\quad - \frac{1}{2\pi}\int\limits_S \mathcal{E}^t(\boldsymbol{n}_{Q_0}) \underset{(0)}{\mathcal{T}^n}(\boldsymbol{n}_Q) \underset{(0)}{\Gamma}(Q_0, Q)\,\boldsymbol{n}_Q d^*(Q)\,\mathrm{d}S_Q \\
&\quad - \frac{1}{2\pi}\int\limits_S \mathcal{E}^t(\boldsymbol{n}_{Q_0}) \underset{(0)}{\Gamma}(Q_0, Q)\,\boldsymbol{n}_Q f^*(Q)\,\mathrm{d}S_Q = 0\,,
\end{aligned} \tag{5.10a}$$

$$\begin{aligned}
&\boldsymbol{\psi}^+(Q_0) + \frac{1}{2\pi}\int\limits_{S_q} \mathcal{E}^t(\boldsymbol{n}_{Q_0}) \underset{(q)}{\mathcal{T}^t}(\boldsymbol{n}_Q) \underset{(q)}{\Gamma}(Q_0, Q)\,\boldsymbol{\psi}^+(Q)\,\mathrm{d}S_Q \\
&\quad + \frac{1}{2\pi}\int\limits_{S_q} \mathcal{E}^t(\boldsymbol{n}_{Q_0}) \underset{(q)}{\mathcal{T}^n}(\boldsymbol{n}_Q) \underset{(q)}{\Gamma}(Q_0, Q)\,\boldsymbol{n}_Q d^*(Q)\,\mathrm{d}S_Q \\
&\quad + \frac{1}{2\pi}\int\limits_{S_q} \mathcal{E}^t(\boldsymbol{n}_{Q_0}) \underset{(q)}{\Gamma}(Q_0, Q)\,\boldsymbol{n}_Q f^*(Q)\,\mathrm{d}S_Q = 0\,, \qquad Q_0 \in S_q\,,
\end{aligned} \tag{5.10b}$$

$$\begin{aligned}
&\frac{1}{2\pi}\int\limits_S \boldsymbol{n}_{Q_0} \cdot \underset{(0)}{\mathcal{T}^t}(\boldsymbol{n}_Q) \underset{(0)}{\Gamma}(Q_0, Q)\,\boldsymbol{\psi}^-(Q)\,\mathrm{d}S_Q + \frac{1}{2\pi}\int\limits_{S_q} \boldsymbol{n}_{Q_0} \cdot \underset{(q)}{\mathcal{T}^t}(\boldsymbol{n}_Q) \underset{(q)}{\Gamma}(Q_0, Q)\,\boldsymbol{\psi}^+(Q)\,\mathrm{d}S_Q \\
&\quad + 2d^*(Q_0) + \frac{1}{2\pi}\int\limits_{S_q} \boldsymbol{n}_{Q_0} \cdot \underset{(q)}{\mathcal{T}^n}(\boldsymbol{n}_Q) \underset{(q)}{\Gamma}(Q_0, Q)\,\boldsymbol{n}_Q d^*(Q)\,\mathrm{d}S_Q \\
&\quad - \frac{1}{2\pi}\int\limits_S \boldsymbol{n}_{Q_0} \cdot \underset{(0)}{\mathcal{T}^n}(\boldsymbol{n}_Q) \underset{(0)}{\Gamma}(Q_0, Q)\,\boldsymbol{n}_Q d^*(Q)\,\mathrm{d}S_Q + \frac{1}{2\pi}\int\limits_{S_q} \boldsymbol{n}_{Q_0} \cdot \underset{(q)}{\Gamma}(Q_0, Q)\,\boldsymbol{n}_Q f^*(Q)\,\mathrm{d}S_Q \\
&\quad - \frac{1}{2\pi}\int\limits_S \boldsymbol{n}_{Q_0} \cdot \underset{(0)}{\Gamma}(Q_0, Q)\,\boldsymbol{n}_Q f^*(Q)\,\mathrm{d}S_Q = 0\,, \qquad Q_0 \in S_q\,,
\end{aligned} \tag{5.10c}$$

$$\begin{aligned}
&\frac{1}{2\pi}\int\limits_S \boldsymbol{n}_{Q_0} \cdot \underset{(0)}{\mathcal{T}^n}(\boldsymbol{n}_{Q_0}) \underset{(0)}{\mathcal{T}^t}(\boldsymbol{n}_Q) \underset{(0)}{\Gamma}(Q_0, Q)\,\boldsymbol{\psi}^-(Q)\,\mathrm{d}S_Q \\
&\quad + B_q \frac{1}{2\pi}\int\limits_{S_q} \boldsymbol{n}_{Q_0} \cdot \underset{(q)}{\mathcal{T}^n}(\boldsymbol{n}_{Q_0}) \underset{(q)}{\mathcal{T}^t}(\boldsymbol{n}_Q) \underset{(q)}{\Gamma}(Q_0, Q)\,\boldsymbol{\psi}^+(Q)\,\mathrm{d}S_Q \\
&\quad + B_q \frac{1}{2\pi}\int\limits_{S_q} \underset{(q)}{l}(Q_0, Q)\,d^*(Q)\,\mathrm{d}S_Q - \frac{1}{2\pi}\int\limits_S \underset{(0)}{l}(Q_0, Q)\,d^*(Q)\,\mathrm{d}S_Q
\end{aligned}$$

$$-\frac{2\mu_0(\lambda_0+\mu_0)}{\lambda_0+2\mu_0}\frac{1}{2\pi}\int\limits_{S\setminus S_q}\frac{\partial^2}{\partial n_{Q_0}\,\partial n_Q}\frac{1}{r_{Q_0Q}}\,d^*(Q)\,\mathrm{d}S_Q$$

$$-(1+B_q)f^*(Q_0)+B_q\frac{1}{2\pi}\int\limits_{S_q}n_{Q_0}\cdot\underset{(q)}{\mathcal{T}^n}(n_{Q_0})\underset{(q)}{\Gamma}(Q_0,Q)\,n_Qf^*(Q)\,\mathrm{d}S_Q$$

$$-\frac{1}{2\pi}\int\limits_S n_{Q_0}\cdot\underset{(0)}{\mathcal{T}^n}(n_{Q_0})\,\Gamma(Q_0,Q)\,n_Qf^*(Q)\,\mathrm{d}S_Q=0\,,\qquad Q_0\in S_q\,. \tag{5.10d}$$

Wir kommen nun zu den Integralgleichungen für das Problem H.

Der Ansatz

$$\begin{aligned}
u(P)&=\underset{(0)}{W^t}(P,\tilde{\varphi}^-)+B_0\underset{(0)}{W^n}(P,\tilde{d}n)+\underset{(0)}{V^n}(P,\tilde{f}n)\quad\text{für}\quad P\in D_0\,,\\
u(P)&=\underset{(q)}{W^t}(P,\tilde{\varphi}^+)+B_q\underset{(q)}{W^n}(P,\tilde{d}n)+\underset{(q)}{V^n}(P,\tilde{f}n)\quad\text{für}\quad P\in D_q\,,\qquad q=1,\dots,N\,,
\end{aligned} \tag{5.11}$$

erfüllt a priori (2.4).

Aus (2.6a), (4.13), (4.14), $\mathcal{E}^t\tilde{\varphi}_n^-=0$, (4.23) folgt

$$+\tilde{\varphi}^-(Q_0)+\frac{1}{2\pi}\int\limits_S\mathcal{E}^t(n_{Q_0})\underset{(0)}{\mathcal{T}^t}(n_Q)\underset{(0)}{\Gamma}(Q_0,Q)\,\tilde{\varphi}^-(Q)\,\mathrm{d}S_Q$$

$$+B_0\frac{1}{2\pi}\int\limits_S\mathcal{E}^t(n_{Q_0})\underset{(0)}{\mathcal{T}^n}(n_Q)\underset{(0)}{\Gamma}(Q_0,Q)\,n_Q\tilde{d}(Q)\,\mathrm{d}S_Q$$

$$+\frac{1}{2\pi}\int\limits_S\mathcal{E}^t(n_{Q_0})\underset{(0)}{\Gamma}(Q_0,Q)\,n_Q\tilde{f}(Q)\,\mathrm{d}S_Q=v^-(Q_0)\,, \tag{5.12a}$$

aus (2.6b), (4.13), (4.14), (4.23) folgt

$$-\tilde{\varphi}^+(Q_0)+\frac{1}{2\pi}\int\limits_{S_q}\mathcal{E}^t(n_{Q_0})\underset{(q)}{\mathcal{T}^t}(n_Q)\underset{(q)}{\Gamma}(Q_0,Q)\,\tilde{\varphi}^+(Q)\,\mathrm{d}S_Q$$

$$+B_q\frac{1}{2\pi}\int\limits_{S_q}\mathcal{E}^t(n_{Q_0})\underset{(q)}{\mathcal{T}^n}(n_Q)\underset{(q)}{\Gamma}(Q_0,Q)\,n_Q\tilde{d}(Q)\,\mathrm{d}S_Q$$

$$+\frac{1}{2\pi}\int\limits_{S_q}\mathcal{E}^t(n_{Q_0})\underset{(q)}{\Gamma}(Q_0,Q)\,n_Q\tilde{f}(Q)\,\mathrm{d}S_Q=v^+(Q_0)\,,\qquad Q_0\in S_q \tag{5.12b}$$

aus (2.6c), (4.13), $\mathcal{E}^n\varphi_t=0$, (4.14), (4.23) folgt

$$-\frac{1}{2\pi}\int\limits_S n_{Q_0}\cdot\underset{(0)}{\mathcal{T}^t}(n_Q)\underset{(0)}{\Gamma}(Q_0,Q)\,\tilde{\varphi}^-(Q)\,\mathrm{d}S_Q+\frac{1}{2\pi}\int\limits_{S_q}n_{Q_0}\cdot\underset{(q)}{\mathcal{T}^t}(n_Q)\underset{(q)}{\Gamma}(Q_0,Q)\,\tilde{\varphi}^+(Q)\,\mathrm{d}S_Q$$

$$-(B_0+B_q)\,\tilde{d}(Q_0)+B_q\frac{1}{2\pi}\int\limits_{S_q}n_{Q_0}\cdot\underset{(q)}{\mathcal{T}^n}(n_Q)\underset{(q)}{\Gamma}(Q_0,Q)\,n_Q\tilde{d}(Q)\,\mathrm{d}S_Q$$

$$-B_0\frac{1}{2\pi}\int\limits_S n_{Q_0}\cdot\underset{(0)}{\mathcal{T}^n}(n_Q)\underset{(0)}{\Gamma}(Q_0,Q)\,n_Q\tilde{d}(Q)\,\mathrm{d}S_Q$$

$$+\frac{1}{2\pi}\int\limits_{S_q}n_{Q_0}\cdot\underset{(q)}{\Gamma}(Q_0,Q)\,n_Q\tilde{f}(Q)\,\mathrm{d}S_Q-\frac{1}{2\pi}\int\limits_S n_{Q_0}\cdot\underset{(0)}{\Gamma}(Q_0,Q)\,n_Q\tilde{f}(Q)\,\mathrm{d}S_Q=g(Q_0)\,,\qquad Q_0\in S_q\,, \tag{5.12c}$$

aus (2.6d), (4.59), (4.60), (4.31) folgt, wenn wir B_0, B_q gemäß (5.3) wählen,

$$-\frac{1}{2\pi}\int\limits_S n_{Q_0}\cdot \underset{(0)}{\mathcal{T}^n}(n_{Q_0})\,\underset{(0)}{\mathcal{T}^t}(n_Q)\,\underset{(0)}{\Gamma}(Q_0,Q)\,\tilde{\varphi}^-(Q)\,dS_Q+\frac{1}{2\pi}\int\limits_{S_q} n_{Q_0}\cdot \underset{(q)}{\mathcal{T}^n}(n_{Q_0})\,\underset{(q)}{\mathcal{T}^t}(n_Q)\,\underset{(q)}{\Gamma}(Q_0,Q)\,\tilde{\varphi}^+(Q)\,dS_Q$$

$$+B_q\frac{1}{2\pi}\int\limits_{S_q}\underset{(q)}{l}(Q_0,Q)\,\tilde{d}(Q)\,dS_Q-\frac{1}{2\pi}\int\limits_S\underset{(0)}{l}(Q_0,Q)\,\tilde{d}(Q)\,dS_Q$$

$$-\frac{2\mu_0(\lambda_0+\mu_0)}{\lambda_0+2\mu_0}\frac{1}{2\pi}\int\limits_{S\setminus S_q}\frac{\partial^2}{\partial n_{Q_0}\,\partial n_Q}\frac{1}{r_{Q_0Q}}\tilde{d}(Q)\,dS_Q+2\tilde{f}(Q_0)+\frac{1}{2\pi}\int\limits_{S_q} n_{Q_0}\cdot\underset{(q)}{\mathcal{T}^n}(n_{Q_0})\,\underset{(q)}{\Gamma}(Q_0,Q)\,n_Q\tilde{f}(Q)\,dS_Q$$

$$-\frac{1}{2\pi}\int\limits_S n_{Q_0}\cdot\underset{(0)}{\mathcal{T}^n}(n_{Q_0})\,\underset{(0)}{\Gamma}(Q_0,Q)\,n_Q\tilde{f}(Q)\,dS_Q=k(Q_0)\,,\qquad Q_0\in S_q\,. \tag{5.12d}$$

Für das System (5.12) schreiben wir kurz

$$\tilde{\mathcal{K}}(\tilde{\varphi})=\tilde{f} \tag{5.13}$$

mit

$$\tilde{\varphi}=(\tilde{\varphi}_1^-,\tilde{\varphi}_2^-,\tilde{\varphi}_3^-,\tilde{\varphi}_1^+,\tilde{\varphi}_2^+,\tilde{\varphi}_3^+,\tilde{d},\tilde{f})^T\,,\qquad \tilde{f}=(v_1^-,v_2^-,v_3^-,v_1^+,v_2^+,v_3^+,g,k)^T\,.$$

Die Kerne des Systems (5.12) sind im wesentlichen dieselben wie die des Systems (5.10). Für die symbolische Matrix des Operators $\tilde{\mathcal{K}}$ erhält man für $Q_0\in S_q$

$$\tilde{\Sigma}(Q_0,\theta)=\begin{pmatrix}1&0&0&0&0&0&\tilde{\sigma}_{17}&0\\0&1&0&0&0&0&\tilde{\sigma}_{27}&0\\0&0&1&0&0&0&\tilde{\sigma}_{37}&0\\0&0&0&-1&0&0&\tilde{\sigma}_{47}&0\\0&0&0&0&-1&0&\tilde{\sigma}_{57}&0\\0&0&0&0&0&-1&\tilde{\sigma}_{67}&0\\\tilde{\sigma}_{71}&\tilde{\sigma}_{72}&\tilde{\sigma}_{73}&\tilde{\sigma}_{74}&\tilde{\sigma}_{75}&\tilde{\sigma}_{76}&-1-B_q&0\\\tilde{\sigma}_{81}&\tilde{\sigma}_{82}&\tilde{\sigma}_{83}&\tilde{\sigma}_{84}&\tilde{\sigma}_{85}&\tilde{\sigma}_{86}&\tilde{\sigma}_{87}&2\end{pmatrix}$$

mit $\tilde{\sigma}_{17}=\sigma_{71}$, $\tilde{\sigma}_{27}=\sigma_{72}$, $\tilde{\sigma}_{37}=\sigma_{73}$, $\tilde{\sigma}_{47}=-B_q\sigma_{74}$, $\tilde{\sigma}_{57}=-B_q\sigma_{75}$, $\tilde{\sigma}_{67}=-B_q\sigma_{76}$, $\tilde{\sigma}_{71}=\sigma_{17}$, $\tilde{\sigma}_{72}=\sigma_{27}$, $\tilde{\sigma}_{73}=\sigma_{37}$, $\tilde{\sigma}_{74}=-\sigma_{47}$, $\tilde{\sigma}_{75}=-\sigma_{57}$, $\tilde{\sigma}_{76}=-\sigma_{67}$. Die symbolische Determinante hat den Wert

$$\det\tilde{\Sigma}(Q_0,\theta)=2\left[\left(\frac{\mu_0}{\lambda_0+2\mu_0}\right)^2-1+B_q\left(\left(\frac{\mu_q}{\lambda_q+2\mu_q}\right)^2-1\right)\right],\qquad Q_0\in S\,,$$

also ist $\det\tilde{\Sigma}(Q_0,\theta)\neq 0$. Beachten wir noch die Sätze 7.4.3 und 4.13.7 in [2], dann folgt analog wie oben der

Satz 5.2: *Sei $S\subset\Lambda_3$. Dann ist $\tilde{K}$ ein linearer beschränkter Operator von $L_2^{(8)}(S)$ in sich. Das System* (5.13) *ist normal auflösbar und hat den Index Null. Falls v^-, v^+, $g\subset C^{1,\beta}(S)$, $k\subset C^{0,\beta}(S)$, dann gilt für jede Lösung $\tilde{\varphi}\subset L_2^{(8)}(S)$ von $\tilde{\mathcal{K}}(\tilde{\varphi})=\tilde{f}$, daß $\tilde{\varphi}^-$, $\tilde{\varphi}^+$, $\tilde{d}\subset C^{1,\alpha}(S)$, $\tilde{f}\subset C^{0,\alpha}(S)$, $0<\alpha<\frac{1}{2}$, $\alpha\leqq\beta$.*

Wir schreiben nun noch das adjungierte System $\tilde{\mathcal{K}}^*(\tilde{\psi})=0$ auf. Setzt man

$$\tilde{\psi}=(\tilde{\psi}_1^-,\tilde{\psi}_2^-,\tilde{\psi}_3^-,\tilde{\psi}_1^+,\tilde{\psi}_2^+,\tilde{\psi}_3^+,\tilde{d}^*,\tilde{f}^*)^T\,,$$

dann folgt

$$\tilde{\psi}^-(Q_0)+\frac{1}{2\pi}\int\limits_S\underset{(0)}{\mathcal{T}^t}(n_{Q_0})\,\mathcal{E}^t(n_Q)\,\underset{(0)}{\Gamma}(Q_0,Q)\,\tilde{\psi}^-(Q)\,dS_Q-\frac{1}{2\pi}\int\limits_S\underset{(0)}{\mathcal{T}^t}(n_{Q_0})\,\underset{(0)}{\Gamma}(Q_0,Q)\,n_Q\tilde{d}^*(Q)\,dS_Q$$

$$-\frac{1}{2\pi}\int\limits_S\underset{(0)}{\mathcal{T}^t}(n_{Q_0})\,\underset{(0)}{\mathcal{T}^n}(n_Q)\,\underset{(0)}{\Gamma}(Q_0,Q)\,n_Q\tilde{f}^*(Q)\,dS_Q=0\,,\qquad Q_0\in S\,, \tag{5.14a}$$

$$-\tilde{\psi}^+(Q_0)+\frac{1}{2\pi}\int\limits_{S_q}\underset{(q)}{\mathcal{T}^t}(n_{Q_0})\,\mathcal{E}^t(n_Q)\,\underset{(q)}{\Gamma}(Q_0,Q)\,\tilde{\psi}^+(Q)\,dS_Q+\frac{1}{2\pi}\int\limits_{S_q}\underset{(q)}{\mathcal{T}^t}(n_{Q_0})\,\underset{(q)}{\Gamma}(Q_0,Q)\,n_Q\tilde{d}^*(Q)\,dS_Q$$

$$+\frac{1}{2\pi}\underset{(q)}{\mathcal{T}^t}(n_{Q_0})\,\underset{(q)}{\mathcal{T}^n}(n_Q)\,\underset{(q)}{\Gamma}(Q_0,Q)\,n_Q\tilde{f}^*(Q)\,dS_Q=0\,,\qquad Q_0\in S_q\,, \tag{5.14b}$$

$$\frac{1}{2\pi}\int\limits_{S} n_{Q_0}\cdot \underset{(0)}{\mathcal{T}^n}(n_{Q_0})\, \mathcal{E}^t(n_Q)\, \underset{(0)}{\Gamma}(Q_0,Q)\, \tilde{\psi}^-(Q)\, dS_Q + B_q \frac{1}{2\pi}\int\limits_{S_q} n_{Q_0}\cdot \underset{(q)}{\mathcal{T}^n}(n_{Q_0})\, \mathcal{E}^t(n_Q)\, \underset{(q)}{\Gamma}(Q_0,Q)\, \tilde{\psi}^+(Q)\, dS_Q$$
$$- (1 + B_q)\, \tilde{d}^*(Q_0) + B_q \frac{1}{2\pi}\int\limits_{S_q} n_{Q_0}\cdot \underset{(q)}{\mathcal{T}^n}(n_{Q_0})\, \underset{(q)}{\Gamma}(Q_0,Q)\, n_Q \tilde{d}^*(Q)\, dS_Q$$
$$- \frac{1}{2\pi}\int\limits_{S} n_{Q_0}\cdot \underset{(0)}{\mathcal{T}^n}(n_{Q_0})\, \underset{(0)}{\Gamma}(Q_0,Q)\, n_Q \tilde{d}^*(Q)\, dS_Q$$
$$+ B_q \frac{1}{2\pi}\int\limits_{S_q} \underset{(q)}{l}(Q_0,Q)\, \tilde{f}^*(Q)\, dS_Q - \frac{1}{2\pi}\int\limits_{S} \underset{(0)}{l}(Q_0,Q)\, \tilde{f}^*(Q)\, dS_Q$$
$$- \frac{2\mu_0(\lambda_0+\mu_0)}{\lambda_0+2\mu_0}\, \frac{1}{2\pi}\int\limits_{S\setminus S_q} \frac{\partial^2}{\partial n_{Q_0}\, \partial n_Q}\, \frac{1}{r_{Q_0Q}}\, \tilde{f}^*(Q)\, dS_Q = 0\,, \qquad Q_0 \in S_q\,, \tag{5.14c}$$

$$\frac{1}{2\pi}\int\limits_{S} n_{Q_0}\cdot \mathcal{E}^t(n_Q)\, \underset{(0)}{\Gamma}(Q_0,Q)\, \tilde{\psi}^-(Q)\, dS_Q + \frac{1}{2\pi}\int\limits_{S_q} n_{Q_0}\cdot \mathcal{E}^t(n_Q)\, \underset{(q)}{\Gamma}(Q_0,Q)\, \tilde{\psi}^+(Q)\, dS_Q$$
$$+ \frac{1}{2\pi}\int\limits_{S_q} n_{Q_0}\cdot \underset{(q)}{\Gamma}(Q_0,Q)\, n_Q \tilde{d}^*(Q)\, dS_Q - \frac{1}{2\pi}\int\limits_{S} n_{Q_0}\cdot \underset{(0)}{\Gamma}(Q_0,Q)\, n_Q \tilde{d}^*(Q)\, dS_Q$$
$$+ 2\tilde{f}^*(Q_0) + \frac{1}{2\pi}\int\limits_{S_q} n_{Q_0}\cdot \underset{(q)}{\mathcal{T}^n}(n_Q)\, \underset{(q)}{\Gamma}(Q_0,Q)\, n_Q \tilde{f}^*(Q)\, dS_Q$$
$$- \frac{1}{2\pi}\int\limits_{S} n_{Q_0}\cdot \underset{(0)}{\mathcal{T}^n}(n_Q)\, \underset{(0)}{\Gamma}(Q_0,Q)\, n_Q \tilde{f}^*(Q)\, dS_Q = 0\,, \qquad Q_0 \in S_q\,. \tag{5.14d}$$

6. Existenzsatz für das Problem G

Zunächst muß man beachten, daß die $n_r + 3n_k$ Gleichgewichtsbedingungen

$$\left.\begin{aligned} &\int\limits_{S_{rs}} h^+\cdot c_s\, dS = 0\,, \qquad s = 1, \dots, n_r\,,\\ &\int\limits_{S_{kt}} h^+\cdot b_{it}\, dS = 0\,, \qquad i = 1, 2, 3\,, \qquad t = 1, \dots, n_k\,, \end{aligned}\right\} \tag{6.1}$$

notwendige Lösbarkeitsbedingungen sind (vgl. [11], (3.7)). Hierbei sind c_s, b_{it} die stetigen Fortsetzungen der Vektoren (3.2) auf den Rand derjenigen Gebiete, in denen sie nicht Null sind. Es wird sich zeigen, daß die Bedingungen (6.1) auch hinreichend sind.

Wir betrachten auf S die $n_r + 3n_k$ Vektoren

$$\psi_j(Q) = (0, 0, 0, c_j\cdot e_1, c_j\cdot e_2, c_j\cdot e_3, 0, 0)^T\,, \qquad j = 1, \dots, n_r + 3n_k\,, \tag{6.2}$$

mit

$$c_{n_r+t} = b_{1t}\,, \qquad c_{n_r+n_k+t} = b_{2t}\,, \qquad c_{n_r+2n_k+t} = b_{3t}\,, \qquad t = 1, \dots, n_k\,.$$

Hilfssatz 6.1: *Es gilt* $\mathcal{K}^*(\psi_j) = 0$, $j = 1, \dots, n_r + 3n_k$.

Beweis: Setzt man $\psi_j(Q)$ in (5.10) ein, dann erhält man

$$c_j(Q_0) + \frac{1}{2\pi}\int\limits_{S_q} \mathcal{E}^t(n_{Q_0})\, \underset{(q)}{\mathcal{T}^t}(n_Q)\, \underset{(q)}{\Gamma}(Q_0,Q)\, c_j(Q)\, dS_Q = \mathbf{0}\,, \tag{6.3a}$$

$$\frac{1}{2\pi}\int\limits_{S_q} n_{Q_0}\cdot \underset{(q)}{\mathcal{T}^t}(n_Q)\, \underset{(q)}{\Gamma}(Q_0,Q)\, c_j(Q)\, dS_Q = 0\,, \tag{6.3b}$$

$$\int\limits_{S_q} n_{Q_0}\cdot \underset{(q)}{\mathcal{T}^n}(n_{Q_0})\, \underset{(q)}{\mathcal{T}^t}(n_Q)\, \underset{(q)}{\Gamma}(Q_0,Q)\, c_j(Q)\, dS_Q = 0\,, \tag{6.3c}$$

$q = n_f + j$ falls $1 \leqq j \leqq n_r + n_k$, $q = n_f + j - \delta n_r$ falls $n_r + \delta n_k + 1 \leqq j \leqq n_r + (\delta + 1)\, n_k$, $\delta = 1, 2$.

Da c_j eine starre Verschiebung ist, gilt (vgl. [4], (3.16))

$$c_j(Q_0) + \frac{1}{2\pi} \int\limits_{S_q} \underset{(q)}{\mathcal{T}}(n_Q)\, \underset{(q)}{\Gamma}(Q_0, Q)\, c_j(Q)\, dS_Q = 0\,.$$

Wegen $c_j(Q) \cdot n_Q = 0$ und (4.11) folgt hieraus

$$c_j(Q_0) + \frac{1}{2\pi} \int\limits_{S_q} \underset{(q)}{\mathcal{T}^t}(n_Q)\, \underset{(q)}{\Gamma}(Q_0, Q)\, c_j(Q)\, dS_Q = 0\,. \tag{6.4}$$

Multipliziert man (6.4) mit $\mathcal{E}^t(n_{Q_0})$, dann folgt wegen $\mathcal{E}^t(n_{Q_0})\, c_j(Q_0) := c_j(Q_0)$ (6.3a). Multipliziert man (6.4) skalar mit n_{Q_0}, dann erhält man (6.3b).

Nun gilt für $P \notin \overline{D}_q$ (vgl. [4], (3.16))

$$\int\limits_{S_q} \underset{(q)}{\mathcal{T}^t}(n_Q)\, \underset{(q)}{\Gamma}(P, Q)\, c_j(Q)\, dS_Q = \int\limits_{S_q} \underset{(q)}{\mathcal{T}}(n_Q)\, \underset{(q)}{\Gamma}(P, Q)\, c_j(Q)\, dS_Q = 0\,,$$

also folgt unter Beachtung von (4.59)

$$0 = \left\{\int\limits_{S_q} n_{Q_0} \cdot \underset{(q)}{\mathcal{T}^n}(n_{Q_0})\, \underset{(q)}{\mathcal{T}^t}(n_Q)\, \underset{(q)}{\Gamma}(Q_0, Q)\, c_j(Q)\, dS_Q\right\}^- = \int\limits_{S_q} n_{Q_0} \cdot \underset{(q)}{\mathcal{T}^n}(n_{Q_0})\, \underset{(q)}{\mathcal{T}^t}(n_Q)\, \underset{(q)}{\Gamma}(Q_0, Q)\, c_j(Q)\, dS_Q\,.$$

Damit ist der Hilfssatz bewiesen.

Hilfssatz 6.2: *Die Vektoren* (6.2) *bilden eine Basis des Nullraumes des Operators* $\mathcal{K}^*$ $(= \mathsf{N}(\mathcal{K}^*))$.

Beweis: Sei $\mathcal{K}^*(\psi) = 0$, $\psi \neq 0$. Dann ist $\psi_1, \ldots, \psi_7 \subset C^{1,\alpha}(S)$, $\psi_8 \subset C^{0,\alpha}(S)$ (vgl. Satz 5.2). Wir bilden mit $\psi = (\psi_1^-, \psi_2^-, \psi_3^-, \psi_1^+, \psi_2^+, \psi_3^+, d^*, f^*)^T$ die Potentiale

$$\underset{(0)}{u}(P) = \underset{(0)}{W^t}(P, \psi^-) - \underset{(0)}{W^n}(P, d^*n) - \underset{(0)}{V}(P, f^*n)\,,$$

$$\underset{(q)}{u}(P) = \underset{(q)}{W^t}(P, \psi^+) + \underset{(q)}{W^n}(P, d^*n) + \underset{(q)}{V}(P, f^*n)\,.$$

Aus (5.10a), (4.13), (4.14) folgt

$$\{\mathcal{E}^t(n_{Q_0})\, \underset{(0)}{u}(Q_0)\}^+ = 0\,, \qquad Q_0 \in S\,, \tag{6.5}$$

aus (5.10b), (4.13), (4.14) folgt

$$\{\mathcal{E}^t(n_{Q_0})\, \underset{(q)}{u}(Q_0)\}^- = 0\,, \qquad Q_0 \in S\,, \tag{6.6}$$

aus (5.10c), (4.13), (4.14) folgt

$$\{n_{Q_0} \cdot \underset{(0)}{u}(Q_0)\}^+ + \{n_{Q_0} \cdot \underset{(q)}{u}(Q_0)\}^- = 0\,, \qquad Q_0 \in S_q\,, \tag{6.7}$$

aus (5.10d), (4.59), (4.60), (4.31) folgt

$$\{n_{Q_0} \cdot \underset{(0)}{\mathcal{T}^n}(n_{Q_0})\, \underset{(0)}{u}(Q_0)\}^+ + B_q\{n_{Q_0} \cdot \underset{(q)}{\mathcal{T}^n}(n_{Q_0})\, \underset{(q)}{u}(Q_0)\}^- = 0\,, \qquad Q_0 \in S_q\,. \tag{6.8}$$

Betrachten wir

$$u(P) = \begin{cases} \underset{(0)}{u}(P) & \text{für} \quad P \in D_q \\ \underset{(q)}{u}(P) & \text{für} \quad P \in E_3 \setminus \overline{D}_q\,, \end{cases}$$

dann ist auf Grund von (6.5)—(6.8) $u(P)$ eine reguläre Lösung des Problems *Hho* $(N = 1, S = S_q, 0 \mid q)$. Nach dem Eindeutigkeitssatz 2 ist also $u(P) \equiv 0$. Somit gilt

$$\underset{(0)}{u}(P) = 0 \quad \text{für} \quad P \in \bigcup_{q=1}^{N} D_q\,, \qquad \underset{(q)}{u}(P) = 0 \quad \text{für} \quad P \in E_3 \setminus \overline{D}_q\,. \tag{6.9}$$

Jetzt betrachten wir den Vektor

$$v(P) = \begin{cases} \underset{(0)}{u}(P) & \text{für} \quad P \in D_0 \\ \underset{(q)}{u}(P) & \text{für} \quad P \in D_q\,. \end{cases}$$

Dann folgt aus (6.9), (4.13), 4(14)

$$\{\mathscr{E}^t(n_{Q_0})\, v(Q_0)\}^+ = \{\mathscr{E}^t(n_{Q_0})\, \underset{(q)}{u}(Q_0)\}^+ - \{\mathscr{E}^t(n_{Q_0})\, \underset{(q)}{u}(Q_0)\}^- = -2\psi_t^+(Q_0) = -2\psi^+(Q_0)\,, \qquad Q_0 \in S_q\,, \tag{6.10}$$

$$\{\mathscr{E}^t(n_{Q_0})\, v(Q_0)\}^- = \{\mathscr{E}^t(n_{Q_0})\, \underset{(0)}{u}(Q_0)\}^- - \{\mathscr{E}^t(n_{Q_0})\, \underset{(0)}{u}(Q_0)\}^+ = 2\psi_t^-(Q_0) = 2\psi^-(Q_0)\,, \qquad Q_0 \in S\,, \tag{6.11}$$

$$\{\mathscr{E}^n(n_{Q_0})\, v(Q_0)\}^+ = \{\mathscr{E}^n(n_{Q_0})\, \underset{(q)}{u}(Q_0)\}^+ - \{\mathscr{E}^n(n_{Q_0})\, \underset{(q)}{u}(Q_0)\}^- = -2n_{Q_0} d^*(Q_0)\,, \qquad Q_0 \in S_q\,, \tag{6.12}$$

$$\{\mathscr{E}^n(n_{Q_0})\, v(Q_0)\}^- = \{\mathscr{E}^n(n_{Q_0})\, \underset{(0)}{u}(Q_0)\}^- - \{\mathscr{E}^n(n_{Q_0})\, \underset{(0)}{u}(Q_0)\}^+ = -2n_{Q_0} d^*(Q_0)\,, \qquad Q_0 \in S\,. \tag{6.13}$$

Aus (6.9), (4.16), (4.17), (4.25) folgt

$$\{\underset{(q)}{\mathscr{T}}(n_{Q_0})\, v(Q_0)\}^+ = \{\underset{(q)}{\mathscr{T}}(n_{Q_0})\, \underset{(q)}{u}(Q_0)\}^+ - \{\underset{(q)}{\mathscr{T}}(n_{Q_0})\, \underset{(q)}{u}(Q_0)\}^- = 2n_{Q_0} f^*(Q_0)\,, \qquad Q_0 \in S_q\,, \tag{6.14}$$

$$\{\underset{(0)}{\mathscr{T}}(n_{Q_0})\, v(Q_0)\}^- = \{\underset{(0)}{\mathscr{T}}(n_{Q_0})\, \underset{(0)}{u}(Q_0)\}^- - \{\underset{(0)}{\mathscr{T}}(n_{Q_0})\, \underset{(0)}{u}(Q_0)\}^+ = 2n_{Q_0} f^*(Q_0)\,, \qquad Q_0 \in S\,. \tag{6.15}$$

Wendet man nun den Integralsatz (3.1) auf $u = v$ an, so folgt wegen (6.12) und (6.14)

$$\int\limits_{D_q} \underset{(q)}{E}(v, v)\, \mathrm{d}V = \int\limits_{S_q} \{\underset{(q)}{\mathscr{T}}(n)\, v\}^+ \cdot \{v\}^+\, \mathrm{d}S = -4 \int\limits_{S_q} d^*(Q)\, f^*(Q)\, \mathrm{d}S_Q$$

und wegen (6.13) und (6.15)

$$\int\limits_{D_0} \underset{(0)}{E}(v, v)\, \mathrm{d}V = -\int\limits_{S} \{\underset{(0)}{\mathscr{T}}(n)\, v\}^- \cdot \{v\}^-\, \mathrm{d}S = 4 \int\limits_{S} d^*(Q)\, f^*(Q)\, \mathrm{d}S_Q\,,$$

also ist

$$\sum_{p=0}^{N} \int\limits_{D_p} \underset{(p)}{E}(v, v)\, \mathrm{d}V = 0\,.$$

Hieraus folgt wie beim Beweis des Eindeutigkeitssatzes 1 $v \subset V_{6N}$, also ist auf Grund von (6.11), (6.13) und (6.15)

$$\psi^-(Q) = 0\,, \qquad d^*(Q) = 0\,, \qquad f^*(Q) = 0 \quad \text{für alle} \quad Q \in S\,.$$

Wegen (6.12) ist $\{v_n(Q_0)\}^+ = 0$ für alle $Q_0 \in S$, also ist auf Grund von (6.10) $\psi^+ \subset \mathscr{L}\{c_1, \ldots, c_{n_r+3n_k}\}$. Damit ist ψ in dem von den Vektoren (6.2) aufgespannten linearen Raum enthalten. Hieraus und aus Hilfssatz 6.1 folgt die Behauptung.

Mit Hilfe von Satz 5.1, Hilfssatz 6.2, Satz 4.1 und Satz 4.4 erhält man den

Satz 6.1: *Sei $S \subset \Lambda_3$, $h^+, h^-, k \subset C^{0,\beta}(S)$, $g \subset C^{1,\beta}(S)$. Notwendig und hinreichend für die Existenz einer regulären Lösung des Problems G sind die Gleichgewichtsbedingungen* (6.1). *Die allgemeine Lösung des Problems G ist von der Form*

$$u(P) = \underset{(0)}{V^t}(P, \varphi^-) + \underset{(0)}{V^n}(P, \mathrm{d}n) + \underset{(0)}{W^n}(P, fn) \quad \text{für} \quad P \in D_0\,,$$

$$u(P) = \underset{(q)}{V^t}(P, \varphi^+) + \underset{(q)}{V^n}(P, dn) + B_q \underset{(q)}{W^n}(P, fn) + \sum_{j=1}^{n_r+3n_k} C_j \underset{(q)}{W^t}(P, c_j) \quad \text{für} \quad P \in D_q\,,$$

wobei B_q durch (5.3) *gegeben ist, C_j beliebige reelle Konstanten sind,* $\varphi = (\varphi_1^-, \varphi_2^-, \varphi_3^-, \varphi_1^+, \varphi_2^+, \varphi_3^+, d, f)^T$ eine *partikuläre Lösung von $\mathscr{K}(\varphi) = f$ (vgl.* (5.4)) *ist und*

$$\psi_j = (0, 0, 0, c_j \cdot e_1, c_j \cdot e_2, c_j \cdot e_3, 0, 0)^T\,, \qquad j = 1, \ldots, n_r + 3n_k\,,$$

eine Basis von $\mathsf{N}(\mathscr{K}^*)$ ist.

7. Existenzsatz für das Problem *H*

Obgleich das Problem *Ho* nur trivial lösbar ist, kann $\dim \mathsf{N}(\tilde{\mathscr{K}}) = \mathsf{N}(\tilde{\mathscr{K}}^*) > 0$ sein. Denn betrachten wir die Vektoren (vgl. (6.2))

$$\tilde{\varphi}_j(Q) = (c_j \cdot e_1, c_j \cdot e_2, c_j \cdot e_3, 0, 0, 0, 0, 0)^T\,, \qquad j = 1, \ldots, n_r + 3n_k\,, \tag{7.1}$$

dann gilt der

Hilfssatz 7.1: *Es gilt $\tilde{\mathscr{K}}(\tilde{\varphi}_j) = 0$, $j = 1, \ldots, n_r + 3n_k$.*

Beweis: Setzt man $\tilde{\varphi}_j$ in das homogene System (5.12) ein, dann reduziert sich das System auf die Gleichungen (6.3), die erfüllt sind.

Man hat also das bemerkenswerte Resultat erhalten, daß bei gleicher topologischer Struktur der Gebiete $D_1, \dots, D_N$ Eigenlösungen auftreten können oder nicht, je nachdem ob einige Gebiete von Rotationsflächen berandet werden oder nicht.

Hilfssatz 7.2: *Die Vektoren* (7.1) *bilden eine Basis von* $\mathsf{N}(\tilde{\mathscr{K}})$.

Beweis: Sei $\tilde{\mathscr{K}}(\tilde{\varphi}) = 0$, $\tilde{\varphi} \neq 0$. Dann ist nach Satz 5.2 $\tilde{\varphi}_1, \dots, \tilde{\varphi}_7 \subset C^{1,\alpha}(S)$, $\tilde{\varphi}_8 \subset C^{0,\alpha}(S)$. Mit

$$\tilde{\varphi} = (\tilde{\varphi}_1^-, \tilde{\varphi}_2^-, \tilde{\varphi}_3^-, \tilde{\varphi}_1^+, \tilde{\varphi}_2^+, \tilde{\varphi}_3^+, \tilde{d}, \tilde{f})^T$$

bilden wir die Potentiale

$$\underset{(0)}{v}(P) = \underset{(0)}{W^t}(P, \tilde{\varphi}^-) + \underset{(0)}{W^n}(P, \tilde{d}n) + \underset{(0)}{V^n}(P, \tilde{f}n)\,,$$

$$\underset{(q)}{v}(P) = \underset{(q)}{W^t}(P, \tilde{\varphi}^+) + B_q \underset{(q)}{W^n}(P, \tilde{d}n) + \underset{(q)}{V^n}(P, \tilde{f}n)\,, \qquad q = 1, \dots, N\,.$$

Der Vektor

$$v(P) = \begin{cases} \underset{(0)}{v}(P) & \text{für} \quad P \in D_0\,, \\ \underset{(q)}{v}(P) & \text{für} \quad P \in D_q\,, \qquad q = 1, \dots, N\,, \end{cases}$$

ist reguläre Lösung des Problems *Ho*, also ist nach dem Eindeutigkeitssatz 2

$$\underset{(0)}{v}(P) \equiv 0 \quad \text{in} \quad D_0\,, \qquad \underset{(q)}{v}(P) \equiv 0 \quad \text{in} \quad D_q\,. \tag{7.2}$$

Wir betrachten nun den Vektor

$$\underset{(q)}{u}(P) = \begin{cases} \underset{(0)}{v}(P) & \text{für} \quad P \in D_q \\ \underset{(q)}{v}(P) & \text{für} \quad P \in E_3 \setminus \overline{D}_q\,. \end{cases}$$

Dann folgt für $Q_0 \in S_q$ aus (7.2). (4.13), (4.14)

$$\{\mathscr{E}^t(n_{Q_0})\, \underset{(q)}{u}(Q_0)\}^+ = \{\mathscr{E}^t(n_{Q_0})\, \underset{(0)}{v}(Q_0)\}^+ - \{\mathscr{E}^t(n_{Q_0})\, \underset{(0)}{v}(Q_0)\}^- = -2\tilde{\varphi}^-(Q_0)\,, \tag{7.3}$$

$$\{\mathscr{E}^t(n_{Q_0})\, \underset{(q)}{u}(Q_0)\}^- = \{\mathscr{E}^t(n_{Q_0})\, \underset{(q)}{v}(Q_0)\}^- - \{\mathscr{E}^t(n_{Q_0})\, \underset{(q)}{v}(Q_0)\}^+ = 2\tilde{\varphi}^+(Q_0)\,, \tag{7.4}$$

$$\{\mathscr{E}^n(n_{Q_0})\, \underset{(q)}{u}(Q_0)\}^+ = \{\mathscr{E}^n(n_{Q_0})\, \underset{(0)}{v}(Q_0)\}^+ - \{\mathscr{E}^n(n_{Q_0})\, \underset{(0)}{v}(Q_0)\}^- = -2n_{Q_0}\tilde{d}(Q_0)\,, \tag{7.5}$$

$$\{\mathscr{E}^n(n_{Q_0})\, \underset{(q)}{u}(Q_0)\}^- = \{\mathscr{E}^n(n_{Q_0})\, \underset{(q)}{v}(Q_0)\}^- - \{\mathscr{E}^n(n_{Q_0})\, \underset{(q)}{v}(Q_0)\}^+ = 2B_q n_{Q_0}\tilde{d}(Q_0)\,, \tag{7.6}$$

und aus (7.2), (4.16), (4.17), (4.27)

$$\{\underset{(0)}{\mathscr{T}}(n_{Q_0})\, \underset{(q)}{u}(Q_0)\}^+ = \{\underset{(0)}{\mathscr{T}}(n_{Q_0})\, \underset{(0)}{v}(Q_0)^+\} - \{\underset{(0)}{\mathscr{T}}(n_{Q_0})\, \underset{(0)}{v}(Q_0)\}^- = 2n_{Q_0}\tilde{f}(Q_0)\,, \tag{7.7}$$

$$\{\underset{(q)}{\mathscr{T}}(n_{Q_0})\, \underset{(q)}{u}(Q_0)\}^- = \{\underset{(q)}{\mathscr{T}}(n_{Q_0})\, \underset{(q)}{v}(Q_0)\}^- - \{\underset{(q)}{\mathscr{T}}(n_{Q_0})\, \underset{(q)}{v}(Q_0)\}^+ = -2n_{Q_0}\tilde{f}(Q_0)\,. \tag{7.8}$$

Mit Hilfe des Integralsatzes (3.1) folgt

$$\int_{D_q} \underset{(0)}{E}(\underset{(q)}{u}, \underset{(q)}{u})\, \mathrm{d}V = \int_{S_q} \{\underset{(0)}{\mathscr{T}}(n)\, \underset{(q)}{u}\}^+ \cdot \{\underset{(q)}{u}\}^+\, \mathrm{d}S = -4 \int_{S_q} \tilde{d}(Q)\tilde{f}(Q)\, \mathrm{d}S_Q\,,$$

$$\int_{E_3 \setminus D_q} \underset{(q)}{E}(\underset{(q)}{u}, \underset{(q)}{u})\, \mathrm{d}V = -\int_{S_q} \{\underset{(q)}{\mathscr{T}}(n)\, \underset{(q)}{u}\}^- \cdot \{\underset{(q)}{u}\}^-\, \mathrm{d}S = 4 \int_{S_q} B_q\tilde{d}(Q)\tilde{f}(Q)\, \mathrm{d}S_Q\,,$$

also

$$B_q \int_{D_q} \underset{(0)}{E}(\underset{(q)}{u}, \underset{(q)}{u})\, \mathrm{d}V + \int_{E_3 \setminus D_q} \underset{(q)}{E}(\underset{(q)}{u}, \underset{(q)}{u})\, \mathrm{d}V = 0\,.$$

Somit ist

$$\underset{(q)}{u}(P) = \begin{cases} 0 & \text{für} \quad P \in E_3 \setminus \overline{D}_q \\ \sum\limits_{i=1}^{6} \alpha_i a_i & \text{für} \quad P \in D_q\,. \end{cases}$$

Aus (7.4), (7.6), (7.8) folgt

$$\tilde{\varphi}^+(Q) = 0\,, \qquad \tilde{d}(Q) = 0\,, \qquad \tilde{f}(Q) = 0 \quad \text{für alle} \quad Q \in S_q$$

und aus (7.5) folgt dann $\{\underset{(q)}{u_n}(Q_0)\}^+ = 0$ für alle $Q_0 \in S_q$. Aus (7.3) und Hilfssatz 7.1 folgt dann die Behauptung.

Hilfssatz 7.3: *Sei* $\tilde{\psi} = (\tilde{\psi}_1^-, \tilde{\psi}_2^-, \tilde{\psi}_3^-, \tilde{\psi}_1^+, \tilde{\psi}_2^+, \tilde{\psi}_3^+ \tilde{d}^*, \tilde{f}^*)^T \subset \mathsf{N}(\tilde{\mathcal{K}}^*)$, *dann ist*

$$\mathcal{L}(\tilde{\psi}) = \begin{pmatrix} \underset{(0)}{V^t}(Q_0, \tilde{\psi}^-) - \underset{(0)}{V^n}(Q_0, \tilde{d}^* n) - \{\underset{(0)}{W^n}(Q_0, \tilde{f}^* n)\}^+ \\ 0 \\ 0 \\ 0 \end{pmatrix}$$

eine lineare Abbildung von $\mathsf{N}(\tilde{\mathcal{K}}^*)$ *auf* $\mathsf{N}(\tilde{\mathcal{K}})$.

Beweis: Sei $\tilde{\mathcal{K}}^*(\tilde{\psi}) = 0, \tilde{\psi} \neq 0$, dann ist (vgl. Satz 5.1) $\tilde{\psi}^-, \tilde{\psi}^+, \tilde{d}^* \subset C^{0,\alpha}(S), \tilde{f}^* \subset C^{1,\alpha}(S)$. Wir bilden die Potentiale

$$\underset{(0)}{u^*}(P, \tilde{\psi}) = \underset{(0)}{V^t}(P, \tilde{\psi}^-) - \underset{(0)}{V^n}(P, \tilde{d}^* n) - \underset{(0)}{W^n}(P, \tilde{f}^* n)\,,$$

$$\underset{(q)}{u^*}(P, \tilde{\psi}) = \underset{(q)}{V^t}(P, \tilde{\psi}^+) + \underset{(q)}{V^n}(P, \tilde{d}^* n) + \underset{(q)}{W^n}(P, \tilde{f}^* n)$$

und betrachten den Vektor

$$u^*(P) = u^*(P, \tilde{\psi}) = \begin{cases} \underset{(0)}{u^*}(P, \tilde{\psi}) & \text{für} \quad P \in D_q \\ \underset{(q)}{u^*}(P, \tilde{\psi}) & \text{für} \quad P \in E_3 \backslash \overline{D}_q\,. \end{cases}$$

Dann gilt auf Grund von (5.14a), (5.14b), (4.28), (4.30) und (4.58) für $Q_0 \in S_q$

$$\{\underset{(0)}{\mathcal{T}^t}(n_{Q_0})\, u^*(Q_0)\}^+ = 0\,, \qquad \{\underset{(q)}{\mathcal{T}^t}(n_{Q_0})\, u^*(Q_0)\}^- = 0\,,$$

auf Grund von (5.14c), (4.29), (4.31), (4.60)

$$\{n_{Q_0} \cdot \underset{(0)}{\mathcal{T}^n}(n_{Q_0})\, u^*(Q_0)\}^+ + B_q\{n_{Q_0} \cdot \underset{(q)}{\mathcal{T}^n}(n_{Q_0})\, u^*(Q_0)\}^- = 0$$

und auf Grund von (5.14d), (4.14)

$$\{n_{Q_0} \cdot u^*(Q_0)\}^+ + \{n_{Q_0} \cdot u^*(Q_0)\}^- = 0\,.$$

Also ist $u^*(P)$ reguläre Lösung des Problems *Gho* $(N = 1, S = S_q, 0 \mid q)$ und nach dem Eindeutigkeitssatz 1 ist $\underset{(0)}{u^*}(P)$ auf $\bigcup_{q=1}^{N} D_q$ eine Linearkombination der Vektoren (3.2) und

$$\underset{(q)}{u^*}(P, \tilde{\psi}) \equiv 0 \quad \text{in} \quad E_3 \setminus \overline{D}_q\,. \tag{7.9}$$

Damit ist $\mathcal{L}(\tilde{\psi})$ eine lineare Abbildung von $\mathsf{N}(\tilde{\mathcal{K}}^*)$ in $\mathsf{N}(\tilde{\mathcal{K}})$.

Wir zeigen jetzt, daß es eine Abbilung *auf* $\mathsf{N}(\tilde{\mathcal{K}})$ ist. Da $\dim \mathsf{N}(\tilde{\mathcal{K}}) = \dim \mathsf{N}(\tilde{\mathcal{K}}^*)$ ist, haben wir dazu nur zu beweisen, daß aus $\tilde{\mathcal{K}}^*(\tilde{\psi}) = 0$ und $\mathcal{L}(\tilde{\psi}) = 0$ folgt $\tilde{\psi} = 0$. Sei also $\tilde{\psi}$ ein Vektor mit $\tilde{\mathcal{K}}^*(\tilde{\psi}) = 0$ und $\mathcal{L}(\tilde{\psi}) = 0$, dann betrachten wir $u^*(P, \tilde{\psi})$. Wegen $\mathcal{L}(\tilde{\psi}) = 0$ ist $\{u^*(Q_0, \tilde{\psi})\}^+ = 0$, $Q_0 \in S$, also ist nach dem Eindeutigkeitssatz für die erste Randwertaufgabe der Elastostatik

$$u^*(P, \tilde{\psi}) = 0 \quad \text{für} \quad P \in \bigcup_{q=1}^{N} D_q$$

und wegen (7.9)

$$u^*(P, \tilde{\psi}) = 0 \quad \text{für} \quad P \in E_3 \setminus \overline{D}_q\,,$$

d. h., es gilt

$$\underset{(0)}{u^*}(P, \tilde{\psi}) = 0 \quad \text{für} \quad P \in \bigcup_{q=1}^{N} D_q\,, \qquad \underset{(q)}{u^*}(P, \tilde{\psi}) = 0 \quad \text{für} \quad P \in E_3 \setminus \overline{D}_q\,. \tag{7.10}$$

Nun betrachten wir den Vektor

$$v^*(P) = \begin{cases} \underset{(0)}{u^*}(P, \tilde{\psi}) & \text{für} \quad P \in D_0\,, \\ \underset{(q)}{u^*}(P, \tilde{\psi}) & \text{für} \quad P \in D_q\,, \qquad q = 1, \dots, N\,. \end{cases}$$

Dann folgt aus (7.10), (4.14) für $Q_0 \in S_q$

$$\{v^*(Q_0)\}^+ = \{u^*(Q_0, \tilde{\psi})\}^+_{(q)} - \{u^*(Q_0, \tilde{\psi})\}^-_{(q)} = -2n_{Q_0}\tilde{f}^*(Q_0)\,, \tag{7.11}$$

$$\{v^*(Q_0)\}^- = \{u^*(Q_0, \tilde{\psi})\}^-_{(0)} - \{u^*(Q_0, \tilde{\psi})\}^+_{(0)} = -2n_{Q_0}\tilde{f}^*(Q_0)\,, \tag{7.12}$$

aus (7.10), (4.28), (4.30), (4.20)

$$\{\underset{(q)}{\mathcal{T}^t}(n_{Q_0})\, v^*(Q_0)\}^+ = \{\underset{(q)}{\mathcal{T}^t}(n_{Q_0})\, \underset{(q)}{u^*}(Q_0, \tilde{\psi})\}^+ - \{\underset{(q)}{\mathcal{T}^t}(n_{Q_0})\, \underset{(q)}{u^*}(Q_0, \tilde{\psi})\}^- = 2\tilde{\psi}_t^+(Q_0) = 2\tilde{\psi}^+(Q_0)\,, \tag{7.13}$$

$$\{\underset{(0)}{\mathcal{T}^t}(n_{Q_0})\, v^*(Q_0)\}^- = \{\underset{(0)}{\mathcal{T}^t}(n_{Q_0})\, \underset{(0)}{u^*}(Q_0, \tilde{\psi})\}^- - \{\underset{(0)}{\mathcal{T}^t}(n_{Q_0})\, \underset{(0)}{u^*}(Q_0, \tilde{\psi})\}^+ = -2\tilde{\psi}_t^-(Q_0) = -2\tilde{\psi}^-(Q_0) \tag{7.14}$$

und aus (7.10), (4.29), (4.31), (4.21)

$$\{\underset{(q)}{\mathcal{T}^n}(n_{Q_0})\, v^*(Q_0)\}^+ = \{\underset{(q)}{\mathcal{T}^n}(n_{Q_0})\, \underset{(q)}{u^*}(Q_0, \tilde{\psi})\}^+ - \{\underset{(q)}{\mathcal{T}^n}(n_{Q_0})\, \underset{(q)}{u^*}(Q_0, \tilde{\psi})\}^- = 2n_{Q_0}\tilde{d}^*(Q_0)\,, \tag{7.15}$$

$$\{\underset{(0)}{\mathcal{T}^n}(n_{Q_0})\, v^*(Q_0)\}^- = \{\underset{(0)}{\mathcal{T}^n}(n_{Q_0})\, \underset{(0)}{u^*}(Q_0, \tilde{\psi})\}^- - \{\underset{(0)}{\mathcal{T}^n}(n_{Q_0})\, \underset{(0)}{u^*}(Q_0, \tilde{\psi})\}^+ = 2n_{Q_0}\tilde{d}^*(Q_0)\,. \tag{7.16}$$

Mit (3.1) erhält man wegen (7.11) und (7.15)

$$\int_{D_q} \underset{(q)}{E}(v^*, v^*)\, dV = \int_{S_q} \{\underset{(q)}{\mathcal{T}}(n)\, v^*\}^+ \cdot \{v^*\}^+\, dS = -4\int_{S_q} \tilde{d}^*(Q)\tilde{f}^*(Q)\, dS_Q$$

und wegen (7.12) und (7.16)

$$\int_{D_0} \underset{(0)}{E}(v^*, v^*)\, dV = -\int_{S} \{\underset{(0)}{\mathcal{T}}(n)\, v^*\}^- \cdot \{v^*\}^-\, dS = 4\int_{S} \tilde{d}^*(Q)\tilde{f}^*(Q)\, dS_Q\,.$$

Hieraus folgt

$$\sum_{p=0}^{N} \underset{(p)}{E}(v^*, v^*)\, dV = 0\,,$$

also ist $v^*(P) \subset V_{6N}$. Aus (7.14), (7.16), (7.12) folgt

$$\tilde{\psi}^-(Q) = 0\,, \qquad \tilde{d}^*(Q) = 0\,, \qquad \tilde{f}^*(Q) = 0 \quad \text{für alle} \quad Q \in S$$

und aus (7.13) und $\mathcal{T}^t(n_P)\, v^*(P) \equiv 0$ folgt $\tilde{\psi}^+(Q) = 0$ auf S. Damit ist Hilfssatz 7.3 bewiesen.

Wir kommen nun zum Existenzsatz für das Problem H. Mit $\tilde{\varphi}_1, \dots, \tilde{\varphi}_M$, $M = n_r + 3n_k$, bezeichnen wir die Basis (7.1) von $\mathsf{N}(\tilde{\mathcal{K}})$. Auf Grund von Hilfssatz 7.3 existiert eine Basis $\tilde{\psi}_1, \dots, \tilde{\psi}_M$ von $\mathsf{N}(\tilde{\mathcal{K}}^*)$ mit

$$\mathcal{L}(\tilde{\psi}_j) = \tilde{\varphi}_j\,, \qquad j = 1, \dots, M\,. \tag{7.17}$$

Wir machen den gegenüber (5.11) abgeänderten Lösungsansatz

$$\begin{aligned} u(P) &= \underset{(0)}{W^t}(P, \tilde{\varphi}^-) + \underset{(0)}{W^n}(P, \tilde{d}n) + \underset{(0)}{V^n}(P, \tilde{f}n) + \sum_{i=1}^{M} \gamma_i \underset{(0)}{V^t}(P, c_i) \quad \text{für} \quad P \in D_0 \\ u(P) &= \underset{(q)}{W^t}(P, \tilde{\varphi}^+) + B_q \underset{(q)}{W^n}(P, \tilde{d}n) + \underset{(q)}{V^n}(P, \tilde{f}n) \quad \text{für} \quad P \in D_q\,, \qquad q = 1, \dots, N\,. \end{aligned} \tag{7.18}$$

Man erhält dann für

$$\tilde{\varphi} = (\tilde{\varphi}_1^-, \tilde{\varphi}_2^-, \tilde{\varphi}_3^-, \tilde{\varphi}_1^+, \tilde{\varphi}_2^+, \tilde{\varphi}_3^+, \tilde{d}, \tilde{f})^T$$

unter Beachtung von (4.29) das Integralgleichungssystem (vgl. (5.13))

$$\tilde{\mathcal{K}}(\tilde{\varphi}) = \tilde{f} + g \tag{7.19}$$

mit

$$g = g(Q_0) = \begin{pmatrix} -\sum_{i=1}^{M} \gamma_i \dfrac{1}{2\pi} \int_S \mathcal{E}^t(n_{Q_0})\, \mathcal{E}^t(n_Q)\, \underset{(0)}{\Gamma}(Q_0, Q)\, c_i(Q)\, dS_Q \\ \sum_{i=1}^{M} \gamma_i \dfrac{1}{2\pi} \int_S n_{Q_0} \cdot \mathcal{E}^t(n_Q)\, \underset{(0)}{\Gamma}(Q_0, Q)\, c_i(Q)\, dS_Q \\ \sum_{i=1}^{M} \gamma_i \dfrac{1}{2\pi} \int_S n_{Q_0} \cdot \underset{(0)}{\mathcal{T}}(n_{Q_0})\, \mathcal{E}^t(n_Q)\, \underset{(0)}{\Gamma}(Q_0, Q)\, c_i(Q)\, dS_Q \end{pmatrix}.$$

Die Lösbarkeitsbedingungen für (7.19) sind somit

$$\sum_{i=1}^{M} \gamma_i \frac{1}{2\pi} \int_S \int_S \tilde{\psi}_j^-(Q_0) \cdot \mathscr{E}^t(n_{Q_0}) \mathscr{E}^t(n_Q) \underset{(0)}{\Gamma}(Q_0, Q)\, c_i(Q)\, dS_Q\, dS_{Q_0}$$
$$- \sum_{i=1}^{M} \gamma_i \frac{1}{2\pi} \int_S \int_S \tilde{d}_j^*(Q_0)\, n_{Q_0} \cdot \mathscr{E}^t(n_Q) \underset{(0)}{\Gamma}(Q_0, Q)\, c_i(Q)\, dS_Q\, dS_{Q_0}$$
$$- \sum_{i=1}^{M} \gamma_i \frac{1}{2\pi} \int_S \int_S \tilde{f}_j^*(Q_0)\, n_{Q_0} \cdot \underset{(0)}{\mathscr{T}}(n_{Q_0}) \mathscr{E}^t(n_Q) \underset{(0)}{\Gamma}(Q_0, Q)\, c_i(Q)\, dS_Q\, dS_{Q_0}$$
$$= \int_S \tilde{f}(Q) \cdot \tilde{\psi}_j(Q)\, dS_Q\,, \qquad j = 1, \dots, M\,. \tag{7.20}$$

Nach Vertauschung der Integrationsreihenfolge erhält man aus (7.20)

$$\sum_{i=1}^{M} \gamma_i \int_S \underset{(0)}{V^t}(Q_0, \tilde{\psi}_j^-) \cdot c_i(Q_0)\, dS_{Q_0} - \sum_{i=1}^{M} \gamma_i \int_S \underset{(0)}{V}(Q_0, \tilde{d}_j^* n) \cdot \mathscr{E}^t(n_{Q_0})\, c_i(Q_0)\, dS_{Q_0}$$
$$- \sum_{i=1}^{M} \gamma_i \int_S \underset{(0)}{W}(Q_0, \tilde{f}_j^* n_Q) \cdot \mathscr{E}^t(n_{Q_0})\, c_i(Q_0)\, dS_{Q_0} = \int_S \tilde{f}(Q) \cdot \tilde{\psi}_j(Q)\, dS_Q\,.$$

Beachtet man $\mathscr{E}^t(n_{Q_0})\, c_i(Q_0) = c_i(Q_0)$, (4.23), (4.12), (4.14) sowie $\tilde{f}_j^* n_Q \cdot c_i = 0$, dann nehmen die Lösbarkeitsbedingungen wegen (7.17) die Gestalt an

$$\sum_{i=1}^{M} \gamma_i \int_S c_i(Q_0) \cdot c_j(Q_0)\, dS_{Q_0} = \int_S \tilde{f}(Q) \cdot \tilde{\psi}_j(Q)\, dS_Q\,, \qquad j = 1, \dots, M\,. \tag{7.21}$$

Da die Koeffizientendeterminante als GRAMsche Determinante linear unabhängiger Vektoren nicht Null ist, läßt sich (7.21) eindeutig nach den γ_i auflösen.

Zusammenfassend erhält man den

Satz 7.1: *Sei $S \subset \Lambda_3$, v^-, v^+, $g \subset C^{1,\beta}(S)$, $k \subset C^{0,\beta}(S)$. Dann hat das Problem H eine eindeutige reguläre Lösung, die sich in der Form* (7.18) *darstellen läßt, wobei $\tilde{\varphi} = (\tilde{\varphi}^-, \tilde{\varphi}^+, \tilde{d}, \tilde{f})^T$ eine Lösung von* (7.19) *ist und die Konstanten γ_i sich eindeutig aus* (7.21) *berechnen.*

LITERATUR

[1] Купрадзе, В. Д., О краевых задачах теории упругости для кусочно-неоднородных тел, Сообщения академии наук Грузинской ССР, т. XXII, 1959, 129—136, 265—271, 401—408, 521—528.

[2] Купрадзе, В. Д., Гегелиа, Т. Г., Башелейшвили, М. О., Бурчуладзе, Т. В., Трехмерные задачи математической теории упругости, Тбилиси, Тбилис. ун-т, 1968.

[3] —, —, —, —, Трехмерные задачи математической теории упругости и термоупругости, 2-е изд., М., Наука 1975.

[4] Jentsch, L., Über Wärmespannungen in Körpern mit stückweise konstanten Laméschen Elastizitätsmoduln, Schriftenreihe ZIMM, Heft 14, Akademie-Verlag, Berlin 1972.

[5] —, Über stationäre thermoelastische Schwingungen in inhomogenen Körpern, Math. Nachr. 64 (1974) 171—231.

[6] —, Über stationäre thermoelastische Schwingungen in stückweise homogenen Körpern infolge zeitlich periodischer Außentemperatur, Math. Nachr. 69 (1975) 15—37.

[7] Рухадзе, Ж. А., Основная трехмерная контактная дазача теории термоупругих колебаний, Тбилиси 1974.

[8] Jentsch, L, Existenzsätze der Thermoelastostatik stückweise homogener Körper, Beiträge zur Analysis 5 (1973) 107—119.

[9] Fichera, G., Problemi elastostatici con vincoli unilaterali il probleme di Signorini con ambigue condizioni al contorno, Mem. Accad. Naz. Lincei 8(7), (1964) 91—140.

[10] Beckert, H., Über die klassischen Randwertaufgaben in der Theorie der Wärmespannungen in stückweise stetigen anisotropen Körpern unter Kopplungsbedingungen, ZAMM 52 (1972) 111—122.

[11] Jentsch, L., Bemerkungen zu einigen neueren gekoppelten Randwertproblemen der Thermoelastostatik, Wiss. Zeitschr. der Karl-Marx-Univ. Leipzig, Math.-Naturw. Reihe, Heft 1 (1976).

[12] Купрадзе, В. Д., Бурчуладзе, Т. В., Динамические задачи теории упругости и термоупругости, Современные проблемы математики, Т. 7, Москва 1975.

ABHANDLUNGEN DER SÄCHSISCHEN AKADEMIE DER WISSENSCHAFTEN ZU LEIPZIG

Mathematisch-naturwissenschaftliche Klasse

Band 49

Heft 1 Dr. Ernst-Gerhard Mahn, **Vegetationsaufbau und Standortverhältnisse der kontinental beeinflußten Xerothermrasengesellschaften Mitteldeutschlands**
1965. 138 Seiten — 24 Abbildungen, davon 20 auf 8 Kunstdrucktafeln — 37 Tabellen — 4° — M 30,60

Heft 2 Prof. Dr.-Ing. Dr. h. c. Kurt Schwabe, **Elektroenergie und Brennstoffelemente**
1966. 19 Seiten — 13 Abbildungen — 8 Tabellen — 4° — M 4,20

Heft 3 Prof. Dr. Dr. h. c. Maximilian Klinkowski, **Die Phytoalexin-Theorie von K. O. Müller**
1966. 23 Seiten — 15 Abbildungen — 4° — M 3,70

Heft 4 Felix Lampadius und Dankward Bockmann, **Erfahrungen zur Abwehr von chronischen Rauchschäden mit waldbaulichen Mitteln im westsächsischen Hügelland**
1967. 20 Seiten — 9 Abbildungen auf 4 Kunstdrucktafeln — 11 Tabellen — 4° — M 3,50

Heft 5 **Internationales Symposium Brennstoffelemente, Dresden, 29. 3.—1. 4. 1967**
Herausgegeben von Prof. Dr.-Ing. Dr. h. c. Kurt Schwabe unter Mitarbeit von Dr. E. Winkler
1968. 366 Seiten — 228 Abbildungen — 40 Tabellen — 4° — M 48,—

Band 50

Heft 1 Prof. Dr. Peter Friedrich Matzen, **Probleme der operativen Skoliosenbehandlung**
1968. 26 Seiten — 29 Abbildungen — 4° — M 9,50

Heft 2 Dr. Oskar Intrau, **Kompositionstafeln quaternärer quadratischer Formen**
1970. XXIV, 121 Seiten — 4° — M 16,20

Heft 3 Felix Lampadius, **Der Burkhardtswald bei Aue als klassisches Beispiel waldbaulicher Rauchschadenabwehr**
1969. 24 Seiten — 1 Faltkarte — 6 Tabellen — 4° — M 4,50

Heft 4 Dr. habil. Günter Sachse, **Die Reinigung radioaktiv kontaminierter Abwässer durch Kontaktenthärtung und Ionenaustausch**
1971. 132 Seiten — 91 Abbildungen, davon 60 auf 23 Kunstdrucktafeln — 67 Tabellen — 4° — M 26,—

Band 51

Heft 1 **Beiträge zur Chemie und Technologie der Brennstoffe**
Gedenkschrift für Prof. Dr. techn. habil. Anton Lissner
Herausgegeben von Prof. Dr.-Ing. Dr.-Ing. eh. Erich Rammler
1971. 146 Seiten — 1 Titelbild — 57 Textabbildungen, davon 6 auf 3 Tafeln — 35 Tabellen — 4° — M 26,—

Heft 2 Dr. Günter Herrmann, **Beiträge zur Bestimmung von Schwefeldioxid in der Atmosphäre und Herstellung von Schwefeldioxid-Luft-Gemischen**
1971. 179 Seiten — 74 Abbildungen, davon 13 auf 10 Kunstdrucktafeln — 41 Tabellen — 4° — M 29,—

Heft 3 Prof. Dr. med. Goerg Merrem, **Die parasagittalen Meningiome**
Zum Gedächtnis des Begründers der deutschen Neurochirurgie Prof. Dr. Fedor Krause 1857—1937
1971. 38 Seiten — 20 Abbildungen — 1 Tabelle — M 10,—

ABHANDLUNGEN DER SÄCHSISCHEN AKADEMIE DER WISSENSCHAFTEN ZU LEIPZIG

Mathematisch-naturwissenschaftliche Klasse

Heft 4 Prof. Dr. Maximilian Klinkowski, **Epidemien und Pandemien pflanzenpathogener Krankheitserreger in ihrer Beziehung zum Menschen**
1971. 54 Seiten — 41 Abbildungen — 4 Tabellen — 4° — M 10,70

Heft 5 Prof. Dr. Gustav E. R. Schulze und Dr. Peter Paufler, **Die plastische Verformung „spröder" intermetallischer Verbindungen und ihre Elementarprozesse**
1972. 24 Seiten — 14 Abbildungen — 11 Tabellen — 4° — M 5,40

Band 52

Heft 1 Prof. Dr. Kurt Mothes, **Über sekundäre Pflanzenstoffe**
1972. 29 Seiten — 18 Abbildungen — 4° — M 5,50

Heft 2 Prof. Dr. Dietrich Uhlmann, **Störungen des biologischen Gleichgewichts in Gewässern**
1973. 17 Seiten — 16 Abbildungen — 4° — M 4,50

Heft 3 Felix Lampadius, **Beitrag zum Nachweis der Wertminderung des Waldes als Folge von Immissionseinwirkung**
1974. 27 Seiten — 4 Abbildungen — 8 Tabellen — 4° — M 6,50

Heft 4 Dr. Manfred Klose, **Beiträge zur D- und V-Struktur von Wasser und speziellen wäßrigen Elektrolytlösungen**
1974. 63 Seiten — 22 Abbildungen — 21 Tabellen — 4° — M 16,—

Heft 5 Prof. Dr. med. Horst Hanson, **Eiweißumsatz und Differenzierungsvorgänge tierischer Zellen**
1974. 26 Seiten — 13 Abbildungen — 9 Tabellen — 4° — M 6,—

Band 53

Heft 1 **3. Internationales Symposium über Probleme der Passivität von Metallen**
(Technische Universität Dresden, 29.—31. 5. 1975) *In Vorbereitung*

Heft 2 Prof. Dr. Lothar Jentsch, **Zur Existenz von regulären Lösungen der Elastostatik stückweise homogener Körper mit neuen Kontaktbedingungen an den Trennflächen zwischen zwei homogenen Teilen**
Vorliegendes Heft

Bis Band 48 vom Zentralantiquariat der Deutschen Demokratischen Republik, Leipzig, ab Band 49 vom Akademie-Verlag, Berlin, zum Teil noch lieferbar

Bestellungen einzeln oder zur Fortsetzung durch eine Buchhandlung erbeten

AKADEMIE-VERLAG
DDR-108 Berlin, Leipziger Straße 3—4

www.ingramcontent.com/pod-product-compliance
Lightning Source LLC
LaVergne TN
LVHW081351011026
849161LV00013BB/3051